W0253969

ISBN 978-3-662-22978-1 ISBN 978-3-662-24923-9 (eBook)
DOI 10.1007/978-3-662-24923-9

Einleitung.

Die Leistungsfähigkeit elektrischer Spannungsregler hat man bisher nur an Hand der in ausgeführten Anlagen gemachten Erfahrungen beurteilen können. Wie sich Größe und Dauer der nach Belastungsänderungen auch bei selbsttätig geregelten Generatoren unvermeidlichen vorübergehenden Spannungsschwankungen berechnen läßt, ist nicht bekannt, falls man von den sogenannten trägen Reglern absieht. Es fehlt auch an einer klaren Erkenntnis des Einflusses der mechanischen Eigenschaften des Reglers und der elektrischen Konstanten des geregelten Generators auf den Reguliervorgang. Meistens muß man sich jetzt bei der Beschaffung und bei dem Verkauf eines selbsttätigen Spannungsreglers mit der Gewähr begnügen, daß die dauernden Spannungsänderungen innerhalb enger Grenzen bleiben werden, was ja auch für Betriebe genügt, in denen keine erheblichen plötzlichen Belastungsänderungen vorkommen. Arbeiten aber an einem zur Beleuchtung verwendeten Netze auch größere Motoren, welche gelegentlich ein- und ausgeschaltet werden, so macht sich das Bedürfnis nach einem Spannungsregler geltend, welcher nicht nur die dauernden, sondern auch die vorübergehenden Spannungsschwankungen soweit beseitigt, daß man keine störenden Veränderungen der Lichtstärke der angeschlossenen Glühlampen bemerken kann. Die wachsende Verbreitung von Überlandzentralen, welche neben der Beleuchtung von Städten auch große industrielle Betriebe speisen, wird aller Wahrscheinlichkeit nach dazu führen, daß man bei der Lieferung eines elektrischen Spannungsreglers auch für die Dauer und die Größe v o r ü b e r g e h e n d e r Spannungsschwankungen eine bestimmte Gewähr verlangen wird. Es handelt sich hierbei um solche Spannungsschwankungen, wie sie von einem Voltmeter mit einer Eigenschwingungsdauer von etwa $^1/_{10}$ Sekunde noch angezeigt werden. Auf die Ermittlung noch schneller vorübergehender Spannungsänderungen, die man wohl schon als eigentliche Überspannungserscheinungen bezeichnen kann, und welche nur mit einem Oszillographen festgestellt werden können, braucht man sich hierbei nicht einzulassen, da für dieselben nicht nur das Voltmeter, sondern auch die Glühlampen und das menschliche Auge unempfindlich sind.

Nur nach den Erfahrungen in ausgeführten Anlagen oder aus Prüffeldversuchen kann man das Arbeiten eines Spannungsreglers nicht einigermaßen genau vorausbestimmen, da die Umstände, unter denen ein Regler arbeitet, und die gestellten Anforderungen in jedem Einzelfalle verschieden sind. Die Prüfungsergebnisse der einzelnen untersuchten Regler werden daher große, scheinbar unerklärliche Verschiedenheiten aufweisen, solange man nicht den Einfluß jeder einzelnen, für den Reguliervorgang wichtigen Größe erkannt hat. Man kann zwar zahlreiche Einzelbeobachtungen anstellen und sammeln, aber es ist dann doch unmöglich, den Chaos anscheinend widersprechender Versuchsresultate nach einheitlichen Gesichtspunkten so gut zu ordnen, daß man daraus bei der Projektierung einer Anlage genügend zuverlässige Schlüsse über die erreichbare Reguliergeschwindigkeit des Reglers ziehen könnte. Man braucht hierzu noch eine wenigstens angenäherte analytische Darstellung des Reguliervorganges, welche erkennen läßt, welchen Einfluß die einzelnen mechanischen und elektrischen Eigenschaften von Regler und Generator auf den Verlauf der Spannungsschwankungen haben. Da man zu einer solchen Darstellung nur unter Vernachlässigung vieler Umstände gelangen kann, welche man für unwesentlich hält, sind Versuchsresultate zur Prüfung der Theorie nichtsdestoweniger sehr willkommen. Im folgenden wird der bekannte Tirrillregler genau untersucht und ein Weg zur näherungsweisen Berechnung seines Verhaltens gezeigt.

I. Allgemeine Beschreibung der Wirkungsweise des Tirrillreglers.

Die allgemeine Einrichtung des Tirrillreglers ist so bekannt, daß sie hier nur in aller Kürze beschrieben zu werden braucht. Fig. 1 ist eine Abbildung desselben, Fig. 2 das vereinfachte Schaltungsschema.

An den Klemmen des zu regelnden Generators liegt unter Zwischenschaltung eines Vorschaltwiderstandes das Solenoid S, welches mit vertikal stehender Achse aufgestellt ist. Das magnetische Feld dieses stromdurchflossenen Solenoides sucht einen Eisenkern entgegen der Schwerkraft zu heben. Die Stellung dieses Eisenkernes hängt somit nur von der Generatorklemmenspannung ab, wenn man zunächst einmal von dem Einfluß der Masse des Eisenkernes absieht. Der Eisenkern ist nun an einem Ende eines drehbar gelagerten Hebels H_1 gelenkig angehängt; das andere Ende dieses Hebels trägt ein Kontaktstück K_1, welches einem zweiten Kontaktstücke K_2 gegenübersteht. Letzteres ist an einem zweiten Hebel H_2 angebracht; an diesem Hebel H_2 wirkt eine Feder, welche die Kontakte K_1 und K_2 einander zu nähern sucht, und ferner unter Vermittlung eines Eisenkernes ein zweites Solenoid Z, das an die Erregerspannung geschaltet ist. Die magnetische Zugkraft desselben wirkt der Federkraft entgegen; bei einem bestimmten Werte

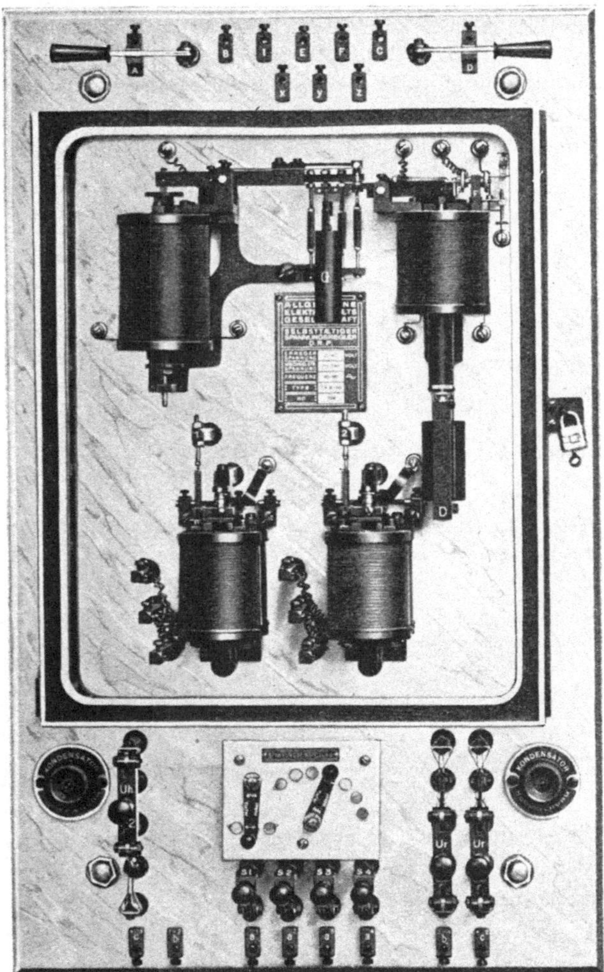

Fig. 1. Tirrillregler.

der Erregerspannung wird, wenn man sich zunächst den Hebel H_1 festgehalten denkt, die magnetische Zugkraft des Solenoides Z entgegen der Federkraft die Kontakte K_1 und K_2 lüften. Diese Kontakte dienen nun dazu, einen Teil der Vorschaltwiderstände im Erregerkreis der Erreger-Maschine kurzzuschließen. Steigt also die Erregerspannung über einen gewissen Betrag, so lüften sich die Kontakte K_1 und K_2, der Vorschaltwiderstand im Erregerkreis der Erregermaschine wird eingeschaltet, und die Erregerspannung überschreitet nicht erheblich den Wert, welcher die Öffnung der Kontakte zur Folge hat. Betrachtet man andererseits die Abhängigkeit der Stellung des anderen Hebels H_1 von der Generatorspannung, so ergibt sich, daß beim Sinken der Generatorspannung unter einen bestimmten, von der Bauart des Solenoides S abhängigen Betrag der Kontakt K_1 sich in Bewegung setzt und einen mehr oder weniger lange dauernden Kurzschluss des

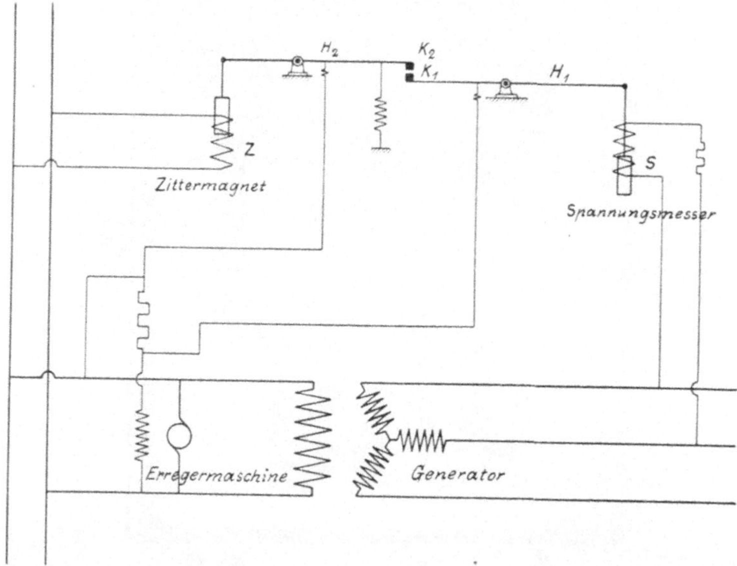

Fig. 2. Schaltschema des Tirrillreglers ohne Zwischenrelais.

Vorschaltwiderstandes im Erregerkreis der Erregermaschine bewirkt. Ein Fallen der Generatorspannung hat also zunächst den Kurzschluß dieses Vorschaltwiderstandes zur Folge.

Da alle Einwirkungen des Reglers auf die Generatorspannung durch Aus- oder Einschalten dieses Vorschaltwiderstandes zustande kommen, muß man vor der Untersuchung des Tirrillreglers die Frage beantworten, nach welchem Gesetz die von der Erregermaschine beim Tirrillregler gelieferte Erregerspannung steigt, wenn man den Vorschaltwiderstand in ihrem Erregerkreis ganz oder teilweise kurzschließt. Da Erregermaschinen fast immer mit Selbsterregung arbeiten, im übrigen aber gewöhnliche Gleichstrommaschinen sind, ist dies nichts anderes als die Theorie des Erregungsvorganges bei der selbsterregten Gleichstrommaschine.

II. Der Verlauf der Spannungsänderungen einer selbsterregten Gleichstrommaschine nach Störungen des Beharrungszustandes.

Die Frage, unter welchen Umständen eine Gleichstrommaschine imstande ist, sich selbst zu erregen, ist zur Zeit der ersten Anfänge der Elektrotechnik häufig und eingehend untersucht worden. Hier handelt es sich nun nicht allein um diese Frage, sondern noch um die Bestimmung der Geschwindigkeit, mit welcher die Spannung einer selbsterregten, mit konstanter Tourenzahl laufenden Gleichstrommaschine zu- und abnimmt, nachdem man den Vorschaltwiderstand in ihrem Erregerkreis verstellt hat.

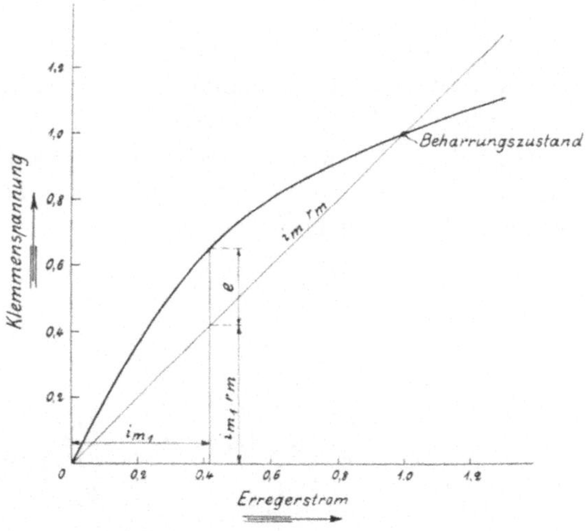

Fig. 3. Schema zur Erklärung des Selbsterregungsvorganges bei einer Gleichstrommaschine.

Zunächst sei eine leerlaufende Nebenschlußmaschine betrachtet. Vernachlässigt man den bei Änderungen des Feldes zutage tretenden Einfluß von Wirbelströmen und Hysteresis im Magnetgestell, so läßt sich die Klemmenspannung als Funktion des Erregerstromes allein darstellen. Mit großer Annäherung ist dies die Leerlaufcharakteristik, da der durch den eigenen Erregerstrom veranlaßte Spannungsabfall sehr klein ist. Hat man die Leerlaufcharakteristik experimentell oder durch Rechnung gefunden, so bestimmt man in bekannter Weise die Spannung, auf welche sich die Maschine erregen wird, indem man die Charakteristik aufzeichnet und sie zum Schnitt bringt mit einer Geraden durch den Nullpunkt, welche den Wert des Produktes aus Erregerstrom und Widerstand der Magnetwicklung, einschließlich Vorschaltwiderstand, abhängig vom Erregerstrom darstellt. (Siehe Fig. 3.) Wir wollen uns nun vorstellen, die Maschine habe sich noch nicht vollständig erregt, sondern der Erregerstrom habe erst den Wert i_{m_1} in Fig. 3 erreicht. In dem betrachteten Augenblick hat der Ohmsche Spannungsverlust im Erregerkreis den Wert $i_{m_1} r_m$ und ist, wie man sieht, erheblich kleiner als die augenblickliche Klemmenspannung der Maschine; die Differenzspannung derselben, in der Figur mit e bezeichnet, dient nun dazu, die elektromotorische Kraft der Selbstinduktion in dem Erregerkreise zu überwinden. Diese läßt sich nun leicht berechnen.

Bezeichnet man mit

w_m die Windungszahl einer Polwicklung,

r den Gesamtwiderstand der Erregerwicklung, einschließlich eines etwa vorhandenen Vorschaltwiderstandes,

p die Polpaarzahl,

Z die augenblickliche Kraftlinienzahl eines Poles,

E die Maschinenspannung,

i den Erregerstrom,

E_0, Z_0, i_0 die zusammengehörigen Werte der normalen Maschinenspannung, der normalen Kraftlinienzahl eines Poles und des normalen Erregerstromes,

so beträgt die elektromotorische Kraft e der Selbstinduktion im Erregerkreis, da man die Induktanz des Ankers und etwa vorhandener Wendepole vernachlässigen kann,

$$e = \frac{dZ}{dt} w_m \, 2\, p \, 10^{-8} \text{ Volt}$$

oder da

$$E_0 = i_0 r$$

$$\frac{e}{E_0} = \frac{\frac{dZ}{dt} w_m \, 2\, p \, 10^{-8}}{i_0 r} = \frac{\frac{dZ}{dt}}{Z_0} \frac{Z_0 w_m \, 2\, p}{i_0 r} \cdot 10^{-8}.$$

$\dfrac{\frac{dZ}{dt}}{Z_0}$ ist nun gleichzeitig das Verhältnis des Betrages, um den die Spannung in der Zeiteinheit anwächst, zur Normalspannung, also gleich $\dfrac{dE}{E_0\, dt}$. Die Größe $\dfrac{Z_0 w_m \, 2\, p}{i_0 r} 10^{-8}$ läßt sich leicht berechnen. In der Regel bezeichnet man dieselbe als die Zeitkonstante der Magnetwicklung.

Diese Zeitkonstante ist bei einer bestimmten Maschinentype und -größe nicht mehr abhängig von der Spannung und Drehzahl, für welche die Maschine gewickelt ist. Denn bei der Umrechnung einer Maschine für andere Spannung oder Drehzahl pflegt man die Kraftlinienzahl Z_0, das Kupfergewicht und die Stromdichte in der Erregerwicklung unverändert zu lassen. Da auch die mittlere Windungslänge der Erregerwicklung hierbei so gut wie unverändert bleibt, ist der Widerstand r der Wicklung dem Quadrate der Windungszahl proportional. Bei konstanter Stromdichte nimmt aber auch der Erregerstrom i_0 proportional mit der Windungszahl ab, so daß der Faktor $\frac{w_m}{i_0 r}$ unverändert bleibt.

Schreibt man die vorhin gefundene Gleichung

$$\frac{dE}{dt} = e \frac{E_0}{Z_0 w_m 2 p} 10^{-8},$$

so enthält sie außer der Größe e, welche durch Aufzeichnung der Charakteristik wie in Fig. 11 gefunden wird, nur Werte, welche man für jede Maschinentype und -größe in Normaltabellen festzulegen pflegt; nämlich die Polzahl 2 p, die Kraftlinienzahl Z_0 und die Windungszahl w_m der Erregerwicklung für eine bestimmte Erregerspannung. Wenn man so verfährt, ergibt sich aus der Rechnung derjenige Wert der Zeitkonstanten des Erregerkreises, welcher zu dem normalen Belastungszustande der Maschine gehört. Falls nun in den Erregerkreis ein Feldregler eingeschaltet ist, so ist der Wert der Zeitkonstanten des Erregerkreises mit der Stellung des Feldreglers veränderlich. Man erhält auf die angegebene Art zunächst nur die Zeitkonstante des Erregerkreises für die normale Stellung des Feldreglers. Für andere Stellungen derselben findet man die Zeitkonstante, wenn man überlegt, daß sie dem Gesamtwiderstand des Erregerkreises umgekehrt proportional ist.

Die elektromotorische Kraft e der Selbstinduktion im Erregerkreis findet man, wie oben erklärt wurde, auf zeichnerischem Wege als Funktion des Momentanwertes der Maschinenklemmenspannung (siehe Fig. 3). Es ist daher auch zweckmäßig die Integration der vorhin abgeleiteten Differentialgleichung für die Maschinenklemmenspannung

$$\frac{dE}{dt} = e \frac{i_0 \cdot r}{Z_0 w_m 2 p} 10^{-8} \text{ Volt}$$

in bekannter Weise graphisch vorzunehmen. Ist zum Beispiel, wie in Fig. 3 eingetragen, der augenblickliche Wert der Maschinenklemmenspannung gleich 0,7 des normalen, so entnimmt man aus derselben Figur die Größe der elektromotorischen Kraft e der Selbstinduktion in der Magnetwicklung; durch Division mit der Zeitkonstanten des Erregerkreises erhält man daraus die sekundliche Spannungssteigerung, welche man auch mit Erregungsgeschwindigkeit bezeichnen kann. Für einen kurzen Zeitabschnitt, beispielsweise für eine Sekunde kann man diese Erregungsgeschwindigkeit als konstant ansehen und erhält daraus den Wert der Maschinenspannung nach Verlauf einer Sekunde. Mit dem neuen Wert der Maschinenspannung ergibt sich aus der Charakteristik Fig. 3 ein neuer Wert von e, worauf man in derselben Weise für den nächsten und die folgenden Zeitabschnitte den Verlauf der Maschinenspannung bestimmen kann. Auf diesem Wege ist es also möglich, den Verlauf der Spannungssteigerung von einem beliebigen Anfangszustande an als Funktion der Zeit darzustellen. In derselben Weise läßt sich auch das Sinken der Spannung nach Einschalten eines

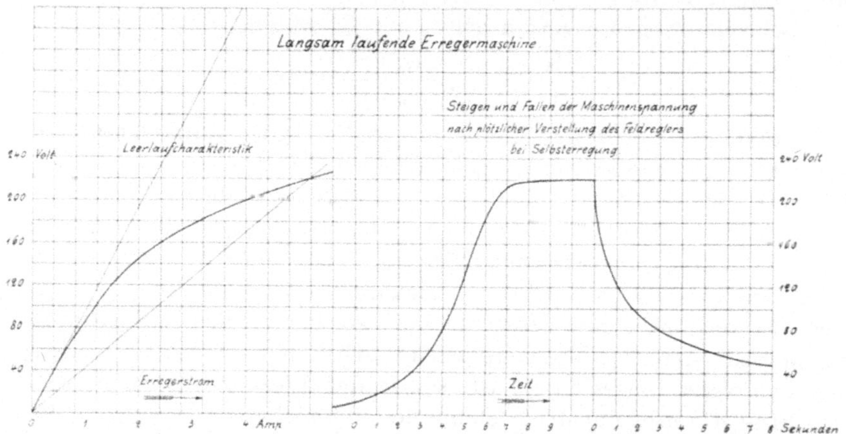

Fig. 4. Selbsterregungsvorgang bei einer langsamlaufenden Erregermaschine.

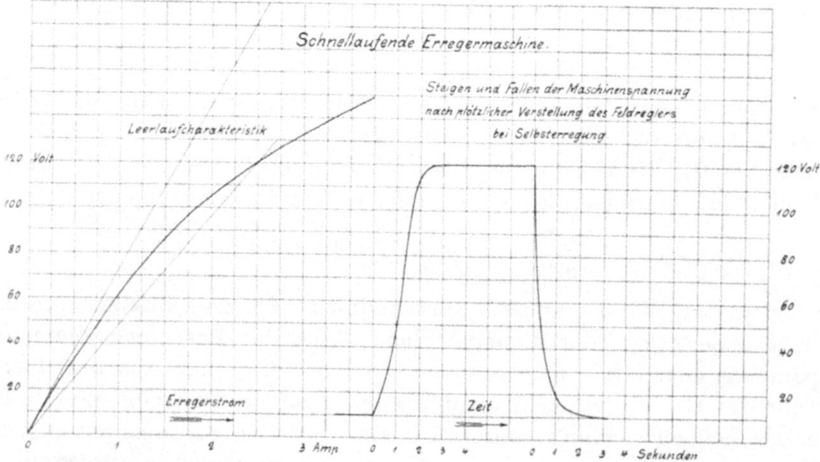

Fig. 5. Selbsterregungsvorgang bei einer schnellaufenden Erregermaschine.

Vorschaltwiderstandes in den Erregerkreis bestimmen. Da in letzterem Falle bei Berechnung der Zeitkonstanten des Erregerkreises der Wert des Vorschaltwiderstandes zu dem Widerstand der Magnetwicklung zu addieren ist, fällt die Zeitkonstante des Erregerkreises kleiner aus als beim Vorgange der Spannungssteigerung, und die Maschinenspannung ändert sich bei gleichem Wert der Differenz zwischen Klemmenspannung und Ohmschem Spannungsverlust im Erregerkreis schneller. In Fig. 4 ist für eine langsamlaufende, normale Erregermaschine, in Fig. 5 für eine schnellaufende Turboerregermaschine der Verlauf der Steigerung und des Fallens der Spannung graphisch ermittelt. Die Werte der Widerstandsstufen im Erregerkreis sind ungefähr so gewählt, wie man sie für den Tirrillregler brauchen würde. Der Beharrungszustand der Maschinenspannung für den großen Vorschaltwiderstand liegt sehr tief; für den kleinen Wert des Vorschaltwiderstandes beträgt er etwa das 1,1fache der normalen, d. h. der größten dauernd nötigen Maschinenspannung. Die folgende Zusammenstellung gibt Aufschluß über die Abmessungen der beiden untersuchten Maschinen, welche ganz nach den allgemein bekannten und gebräuchlichen Gesichtspunkten berechnet wurden.

	Normale Erregermaschine	Schnellaufende Erregermaschine
Leistung	27	20 KW
Spannung	220	110 Volt
Drehzahl	400	3000 pro Min.
Polzahl	4	6
Ankerdurchmesser	38	28 cm
Ankereisenlänge	16	7,5 cm
Luftspalt	3	2,5 mm
Windungszahl eines Hauptpoles (Nebenschlußwicklung)	1200	800
Widerstand der Polwicklung (warm)	41	42 Ohm
Normaler Erregerstrom	4	2,5 Amp.
Normale Kraftlinienzahl eines Poles	$43 \cdot 10^5$	$4,5 \cdot 10^5$
Zeitkonstante der Magnetwicklung	1,25	0,2 Sek.
Zeitkonstante des Erregerkreises		
a) beim Steigen der Spannung	1,0	0,18 Sek.
Vorschaltwiderstand	8	4 Ohm
b) beim Fallen der Spannung	0,6	0,1 Sek.
Vorschaltwiderstand	46	47 Ohm.

Die schnellaufende Maschine hat einen bedeutend kleineren Wert der Zeitkonstanten, da ihre Poldimensionen erheblich kleiner sind. Je kleiner nämlich die Pole sind, desto kleiner fällt auch die Zeitkonstante aus. Ferner hat sie eine schwachgekrümmte Charakteristik; infolge der hohen Frequenz der Eisenummagnetisierung (150 pro Sek.) muß man die Zahnsättigung klein wählen, welche doch bei normalen Maschinen in erster Linie die Krümmung der Charakteristik veranlaßt. Die schwachgekrümmte Charakteristik schmiegt sich in dem Diagramm eng an die Gerade durch den Nullpunkt an, welche den Ohmschen Spannungsverlust in der Magnetwicklung darstellt. Infolgedessen ist die Differenz der Klemmenspannung und des Ohmschen Spannungsverlustes, in Fig. 3 mit e bezeichnet, sehr klein, und die Maschine erregt sich doch nicht so schnell, als man in Anbetracht des kleinen Wertes der Zeitkonstanten hätte erwarten können.

Wesentlich für den Selbsterregungsvorgang ist also der Umstand, daß die Spannung an den Klemmen der Erregerwicklung (einschließlich des Vorschaltwiderstandes) nicht konstant ist wie bei Fremderregung, sondern sich ebenso wie die Klemmenspannung der Maschine ändert, da sie ja mit dieser identisch ist. Wie aus den gerechneten Beispielen hervorgeht, wird hierdurch die Geschwindigkeit, mit welcher die Maschinenspannung zu- oder abnimmt, auf einen kleinen Bruchteil der Erregungsgeschwindigkeit bei Fremderregung herabgesetzt. — Natalis[1]) hat die hier behandelte Aufgabe rechnerisch zu lösen versucht, dabei aber die Veränderlichkeit der Erregerspannung bei der Integration der Differentialgleichung für den Erregerstrom nicht berücksichtigt; die eingehenden rechnerischen Untersuchungen von Natalis[2]) gelten daher nur für fremderregte Maschinen. Auch Schwaiger[3]) hat die Bedeutung der Veränderlichkeit der Erregerspannung noch nicht erkannt. Die ohne Berücksichtigung dieses Umstandes angestellten Rechnungen sind für die Untersuchung des Tirrillreglers nicht ohne weiteres verwendbar, da dessen Erregermaschine stets mit Selbsterregung arbeitet.

Da sich bei den heute gebräuchlichen Gleichstrommaschinen mit Nutenanker und kleinem Luftspalt eine starke Rückwirkung des Ankerstromes auf das Magnetfeld bemerkbar macht, gilt die obige Betrachtung zunächst nur für die leerlaufende Maschine, ferner noch mit genügender Annäherung für Compoundmaschinen, welche konstante Spannung unabhängig von der Belastung liefern. Compounderregermaschinen für den Tirrillregler werden nur von den Siemens-Schuckert-Werken ausgeführt, während andere Firmen die Compoundierung vermeiden. Der Grund dafür ist darin zu suchen, daß eine Nebenschlußmaschine mit stark induktivem äußeren Schließungskreis ihrem Beharrungszustande schneller zustrebt als eine Compoundmaschine. Da die belastete und vor allem die induktiv belastete Gleichstrommaschine

---

[1]) F. Natalis, Die selbsttätige Regulierung der elektrischen Generatoren, Braunschweig 1908, Seite 6.

[2]) Ebenda, Seite 7 bis 24 und 73 bis 76.

[3]) A. Schwaiger, Das Regulierproblem in der Elektrotechnik, Leipzig 1909, Seite 86 und 87.

für den Tirrillregler besonders wichtig ist, wird sie im folgenden genau untersucht.

Verändert man die Erregerstromstärke einer mit einer Drosselspule induktiv belasteten Gleichstrommaschine sehr langsam, so läßt sich wie oben für die leerlaufende Maschine die Klemmenspannung als Funktion des Erregerstromes allein darstellen. Die so aufgenommene Belastungscharakteristik des Beharrungszustandes liegt tiefer als die Leerlaufcharakteristik. Man kann nun ähnlich wie früher in Fig. 3 den Wert des Vorschaltwiderstandes bestimmen, welcher im Beharrungszustande die normale Klemmenspannung der Maschine erzeugt. In

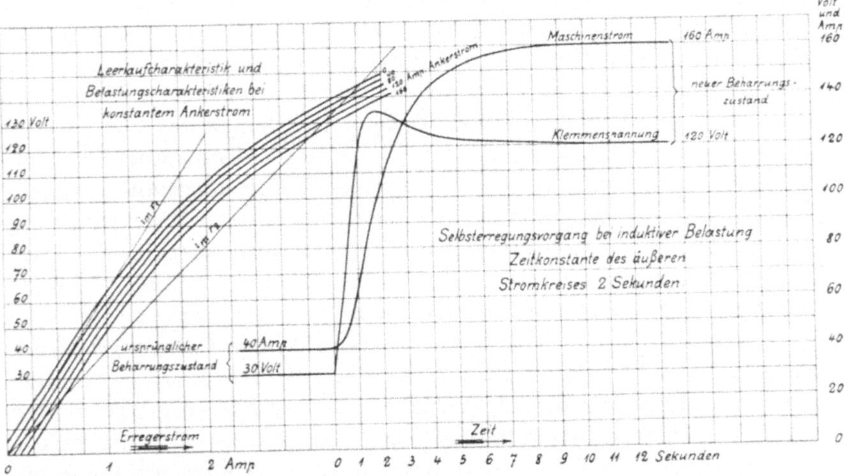

Fig. 6. Selbsterregungsvorgang bei einer schnellaufenden Erregermaschine mit induktiver Belastung.

der gleichen Weise wie früher läßt sich aber hier der Vorgang der Selbsterregung nur dann bestimmen, wenn der Maschinenstrom, welcher ja hier durch Feldschwächung und Ohmschen Spannungsabfall im Anker die Klemmenspannung herabsetzt, sofort nach einer Veränderung des Erregerstromes und der Klemmenspannung seinen Beharrungszustand erreicht, d. h. wenn der äußere Schließungskreis keine merkliche Selbstinduktion aufweist. Arbeitet aber eine Gleichstrommaschine als Erregermaschine auf die stark induktive Erregerwicklung eines anderen Generators, so folgt der Maschinenstrom der Erregermaschine nur langsam den Veränderungen ihrer Klemmenspannung. Bei Verstellung des Feldreglers einer induktiv belasteten Gleichstrommaschine verläuft daher der Erregungsvorgang zunächst bei angenähert konstantem Maschinenstrom. Mit Hilfe dieser Überlegung läßt sich auch diese verwickelte Erscheinung an Hand eines Diagrammes näherungsweise bestimmen.

In Fig. 6 ist für die bereits oben behandelte Turboerregermaschine die Leerlaufcharakteristik und die Klemmenspannung als Funktion des Erregerstromes für konstant gehaltenen Maschinenstrom, und zwar für 40, 80, 120, 160 Amp., aufgezeichnet. Wir wollen nun den Verlauf der Spannungssteigerung der Maschine ermitteln. Die Maschine befindet sich zunächst in dem Beharrungszustand, welcher dem Widerstand r_1 und der Geraden $i_m\ r_1$ in Fig. 6 entspricht; ihre Klemmenspannung ergibt sich aus dem Schnitt dieser Geraden mit der nicht gezeichneten Charakteristik des Beharrungszustandes und beträgt 30 Volt. Es werde nun plötzlich der Vorschaltwiderstand im Erregerkreis vom Werte r_1 auf den Wert r_2 verstellt, so daß die Spannung zu steigen beginnt. Die Belastung der Maschine sei gebildet durch eine Reihenschaltung einer Resistanz von 0,75 Ohm und einer Induktanz von 1,5 Henry. Die Zeitkonstante des äußeren Stromkreises beträgt also 2 Sekunden. Die Induktanz des Ankers und der Wendepolwicklung der Maschine selbst kann stets vernachlässigt werden. Wenn man den Erregungsvorgang innerhalb genügend kurzer Zeitabschnitte untersucht, kann man den Maschinenstrom während eines solchen Zeitintervalles als konstant betrachten. Dann läßt sich der Erregungsvorgang genau so, wie früher auf Seite 7 für die leerlaufende Maschine auseinandergesetzt wurde, bestimmen, indem man nur an Stelle der Leerlaufcharakteristik die Belastungscharakteristik für den gerade vorhandenen Ankerstrom benützt. An Hand der Fig. 6 soll das angedeutete Verfahren noch näher erläutert werden. Im ursprünglichen Beharrungszustand beträgt der Maschinenstrom 40 Amp. und die Maschinenspannung 30 Volt, wie in der Figur eingetragen ist. Da es sich um einen Beharrungszustand handelt, ist der Ohmsche Spannungsverlust in der Erregerwicklung gleich der Maschinenspannung, 30 Volt; die zugehörige Erregerstromstärke beträgt dabei, wie die Gerade $i_m\ r_1$ angibt, 0,45 Amp. Bei der plötzlichen Verstellung des Feldreglers zur Zeit 0 Sekunden bleibt der Erregerstrom zunächst unverändert; da jetzt aber die Resistanz des Erregerkreises vom Werte r_1 auf den Wert r_2 gesunken ist, beträgt nunmehr der Ohmsche Spannungsverlust, wie sich aus der Geraden $i_m\ r_2$ ergibt, nur noch 20 Volt; die Differenz zwischen dieser und der augenblicklichen Maschinenspannung von 30 Volt dient jetzt zur Überwindung der elektromotorischen Kraft der Selbstinduktion im Erregerkreis. Diese elektromotorische Kraft der Selbstinduktion hatten wir früher mit e bezeichnet; durch Division von e mit der Zeitkonstanten des Erregerkreises, 0,18 Sekunden, ergibt sich die sekundliche Spannungssteigerung der Maschine zu $\frac{10}{0{,}18} = 55$ Volt pro Sekunde. Infolge der Spannungssteigerung beginnt auch der Belastungsstrom der Maschine langsam zu steigen. Der Verlauf derselben wurde ebenfalls graphisch ermittelt. Für die Dauer der ersten Sekunde ist der Mittelwert der Maschinenspannung etwa 75 Volt. Schätzt man den Mittelwert des Belastungs- oder Ankerstromes in demselben Zeitabschnitt zu 50 Amp., so ist der Mittelwert des Ohmschen Spannungsverlustes in dem äußeren Schließungskreise, dessen Resistanz 0,75 Ohm betragen sollte, $50 \cdot 0{,}75 = 37{,}5$ Volt. Die Differenz zwischen diesem und dem Mittelwert der Maschinenspannung ist also $75 - 37{,}5 = 37{,}5$ Volt. Dieser Spannungsbetrag von 37,5 Volt dient während des betrachteten Zeitabschnittes von einer Sekunde dazu, die elektromotorische Kraft der Selbstinduktion in dem äußeren Stromkreis zu überwinden. Da die Induktanz desselben 1,5 Henry betragen sollte, steigt der Maschinenstrom um $\frac{37{,}5}{1{,}5} = 25$ Amp. Der Maschinenstrom beträgt also am Ende der ersten Sekunde $40 + 25 = 65$ Amp. Nunmehr bestimmt man für die folgende Sekunde wiederum die Geschwindigkeit der Spannungssteigerung der Maschine, wozu man die zu dem Ankerstrom von 65 Amp. gehörige Belastungscharakteristik benützt. Auf diesem Wege kann man schrittweise den Verlauf von Maschinenstrom und -spannung ermitteln. Um die erforderliche Genauigkeit der Konstruktion zu erreichen, muß man freilich im vorliegenden Falle die Zeitabschnitte, während der man den Ankerstrom als konstant betrachtet, erheblich kleiner als eine Sekunde wählen.

Wenn man die Konstruktion auf diese Weise durchführt, ergibt sich das bemerkenswerte Resultat, daß die Klemmenspannung sehr schnell steigt und sich vorübergehend sogar über den Wert des neuen Beharrungszustandes erhebt. Konstruiert man in derselben Weise den Verlauf des Sinkens der Spannung, so zeigt sich, daß die Klemmenspannung zeitweise unter den Wert des Beharrungszustandes sinkt. Die Konstruktion in Fig. 5 galt für dieselbe Maschine, jedoch mit dem Unterschied, daß die Ankerrückwirkung durch Compoundierung beseitigt sein sollte. Aus dem Vergleich beider Kurven sieht man, daß die reine Nebenschlußmaschine sich viel schneller erregt. Das gleiche gilt auch von dem Fallen der Spannung nach Vergrößerung des Vorschaltwiderstandes im Erregerkreis. Durch Anwendung von Gegencompoundwicklungen ließe sich diese „Erregungsgeschwindigkeit“ noch bedeutend steigern. Es scheint aber zweifelhaft zu sein, ob es nicht vorteilhafter ist, durch Ausführung der Polwicklung mit stärkerem Draht und Vorschalten eines größeren Widerstandes die Zeitkonstante des Erregerkreises zu verkleinern, womit ebenfalls die häufig erwünschte Beschleunigung des Erregungsvorganges erzielt wird. Das vorübergehende Steigen und Sinken der Klemmenspannung über ihren Wert im Beharrungszustand läßt sich allerdings mit dieser Maßnahme allein nicht erreichen.

Es bleibt uns nun noch die Aufgabe, die Wirkung von Hysteresis und Wirbelströmen zu ermitteln.

Die Hysteresis könnte man durch Benutzung verschiedener Charakteristiken für auf- und absteigenden Erregerstrom annähernd berücksichtigten. Es ist aber dabei wohl zu beachten, daß für den ersten Augenblick nach einer Verstellung des Feldreglers sich der Erregerstrom stark ändert und der magnetische Kraftfluß im Magnetgestell noch fast konstant bleibt. Man muß daher in diesem Moment mit einem kleineren Wert der Zeitkonstanten für die Erregerwicklung rechnen. Ist die Spannungsänderung an den Klemmen der Erregerwicklung, welche, durch Verstellung des Feldreglers veranlaßt, das Steigen oder Fallen des Erregerstromes einleitet, nicht zu klein, so ändert sich der Erregerstrom fast sprungweise, und der magnetische Kraftfluß steigt beinahe so, als ob gar keine Hysteresis vorhanden

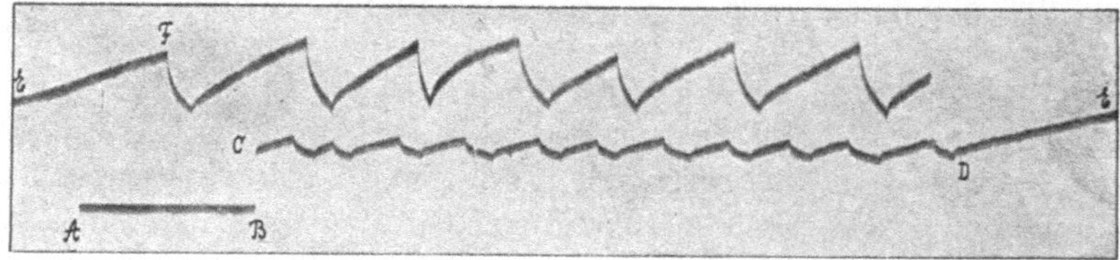

Fig. 7. Oscillogramm des Erregerstromes der Erregermaschine beim Tirrillregler.

wäre. Nur der Endwert der Spannung in dem neuen Beharrungszustande, welchem die Maschine nunmehr zustrebt, wird stark durch die Erscheinung der Hysteresis beeinflußt. Die Oszillogramme Fig. 7 stellen den Erregerstrom einer Gleichstrommaschine dar, bei welcher der Feldregler so häufig plötzlich zwischen 2 Stufen hin- und hergestellt wird, daß der Beharrungszustand der Maschinenspannung auch nicht annähernd erreicht wird. Man sieht deutlich das sehr schnelle Wachsen und Steigen des Erregerstromes unmittelbar nach einer Verstellung des Feldreglers; die entsprechenden Schwankungen der Maschinenspannung werden daher hier mit großer Annäherung so verlaufen, als ob gar keine Hysteresis vorhanden wäre[1]).

Da der Einfluß der Hysteresis auf die Geschwindigkeit der Spannungsänderung überhaupt nicht sehr erheblich ist, wenn es sich nicht um ganz kleine Verstellungen des Feldreglers handelt, wurde er bei der Konstruktion der Diagramme vernachlässigt.

Ändert sich der magnetische Fluß in den nicht lamellierten Polen und im Magnetgestell einer elektrischen Maschine, so entstehen im

---

[1]) Es handelt sich um eine Erregermaschine, bei welcher die Widerstandsstufen durch die Relais eines Tirrillreglers geschaltet werden. Die Abbildung ist mit Erlaubnis des Verfassers entnommen aus der Schrift von O. Schwaiger, Das Regulierproblem in der Elektrotechnik (Leipzig 1907).

Eisen Wirbelströme, welche die Veränderungen der Feldstärke verzögern. Für die mittleren Teile der Eisenquerschnittsflächen wird die Verzögerung stärker hervortreten als für die an der Oberfläche liegenden. Die Wirbelströme werden daher auch eine vorübergehende Feldverzerrung bewirken. Eine genaue Ermittlung des zeitlichen Verlaufes der Gesamtkraftlinienzahl, welche ja allein die Spannung einer Gleichstrommaschine bestimmt, wäre bei der komplizierten Form des Magnetgestelles eine zu langwierige Aufgabe. Mit einiger Annäherung kann man sich aber den Einfluß der räumlich verteilten Wirbelströme ersetzt denken durch die in einer um jeden Pol gelegten kurzgeschlossenen Wicklung induzierten Ströme. Es wäre dies etwa eine Dämpferwicklung mit einer oder mehreren Windungen pro Pol. Den Einfluß einer solchen Dämpferwicklung auf den Verlauf der Schwankungen des Feldes und des Erregerstromes kann man zahlenmäßig ermitteln, indem man diese Anordnung als einen Transformator betrachtet, dessen Primärwicklung die Erregerwicklung ist, während die Sekundärwicklung hier durch die kurzgeschlossene Dämpferwicklung dargestellt wird.

Es bezeichne

i_1 den Erregerstrom (Primärstrom),

r_1 den Widerstand der Erregerwicklung (Primärwicklung) einschließlich Vorschaltwiderstand,

w_1 die Windungszahl der Erregerwicklung,

r_2 den Widerstand der Dämpferwicklung (Sekundärwicklung),

w_2 die Windungszahl der Dämpferwicklung,

$L_{11}(1+\sigma_1)$ die Induktanz der Erregerwicklung,

σ_1 ihren Streukoeffizient in bezug auf die Dämpferwicklung,

L_{12} die wechseitige Induktanz der beiden Wicklungen,

$L_{12}(1+\sigma_2)$ die sekundäre Induktanz,

σ_2 den Streukoeffizient der Dämpferwicklung in bezug auf die Erregerwicklung,

δ den reduzierten Luftspalt des magnetischen Schließungskreises,

F die Polfläche (Schenkelquerschnitt beim Transformator),

Z den Momentanwert des verketteten Kraftlinienflusses,

E den Momentanwert der Erregerspannung (Primärspannung).

Es gelten dann die Gleichungen:

$$E = i_1 r_1 + i_1' L_{11}(1+\sigma_1) + i_2' L_{21} \quad {}^{1)}$$
$$0 = i_2 r_2 + i_2' L_{22}(1+\sigma_2) + i_1' L_{12}$$
$$L_{12} = L_{11}\frac{w_2}{w_1}; \quad L_{21} = L_{12}; \quad L_{22} = L_{11}\left(\frac{w_2}{w_1}\right)^2.$$

[1]) Unter i_1' ist der erste Differentialquotient von i_1 nach der Zeit zu verstehen. Differentiationen nach der Zeit werden im folgenden durch Striche bezeichnet.

Der Momentanwert des verketteten Kraftlinienflusses Z ist ferner

$$Z = \frac{i_1 w_1 + i_2 w_2}{\delta} F \cdot \frac{4\pi}{10} \qquad \text{A)}$$

Mit obigen Gleichungen kann man aus diesem Ausdrucke i_2 eliminieren und erhält:

$$Z = \frac{4\pi}{10}\frac{F}{\delta}\left\{i_1 w_1 + i_1 \frac{r_1 w_2^2}{r_2 w_1}(1+\sigma_2) + i_1' \frac{\sigma w_2^2 L_{11}}{w_1 r_2} - \frac{E w_2^2}{r_2 w_1}(1+\sigma_2)\right\}$$

worin σ die Bedeutung hat:

$$\sigma = \sigma_1 + \sigma_1 \sigma_2 + \sigma_2 .$$

Es ist nun aber auch

$$E = i_1 r_1 + w_1 Z' 10^{-8} + i_1' L_{11} \sigma_1 .$$

Setzen wir diesen Ausdruck in obige Gleichung ein, so ergibt sich

$$Z = \frac{4\pi}{10}\frac{F}{\delta}\left\{i_1 w_1 + i_1' \sigma_2 \frac{w_2^2}{w_1}\frac{L_{11}}{r_2} - Z' \frac{w_2^2}{r_2}(1+\sigma_2) 10^{-8}\right\}.$$

Wenn man diese Gleichung nach i_1 auflöst, ergibt sich:

$$i_1 = \frac{10}{4\pi}\frac{Z\delta}{F w_1} + Z' \frac{w_2^2 (1+\sigma_2)}{r_2 w_1} 10^{-8} - i_1' \sigma_2 \frac{w_2^2}{w_1^2}\frac{L_{11}}{r_2} .$$

Setzt man diesen Wert von i_1 in die Gleichung

$$E = i_1 r_1 + w_1 Z' 10^{-8} + i_1' L_{11} \sigma_1$$

ein, so erhält man weiter:

$$E = \frac{10}{4\pi} r_1 \frac{Z\delta}{F w_1} + Z'\left\{\frac{w_2^2 r_1}{w_1 r_2}(1+\sigma_2) + w_1\right\} 10^{-8} + i_1' L_{11}\left(\sigma_1 - \sigma_2 \frac{w_2^2 r_1}{w_1^2 r_2}\right)$$

Der Ausdruck $L_{11}\left(\sigma_1 - \sigma_2 \frac{w_2^2}{w_1^2}\frac{r_1}{r_2}\right)$ ist die Differenz der primären und der sekundären Streuinduktanz, welche letztere noch mit dem Verhältnis des Widerstandes der beiden Wicklungen multipliziert ist. In der Regel dürfte der Wert dieser Differenz sehr klein sein, so daß man dieses Glied vernachlässigen kann. Die Magnetwalzen von Drehstromturbogeneratoren tragen häufig sehr reichlich bemessene Dämpferwicklungen, welche in den Rotornuten oberhalb der Erregerwicklung eingebettet sind, wo sie gleichzeitig zum Verschluß der Nuten dienen. In diesem Falle ist allerdings der Widerstand r_2 der Dämpferwicklung sehr klein, dafür ist aber die magnetische Verkettung der Wicklungen wegen ihrer gegenseitigen Nähe sehr gut, so daß die Streukoeffizienten σ_1 und σ_2 klein sein müssen.

Mit dieser Vernachlässigung ergibt sich die Gleichung

$$E = \frac{10}{4\pi} r_1 \frac{Z\delta}{F w_1} + Z'\left\{\frac{w_2^2 r_1}{w_1 r_2} + w_1\right\} 10^{-8}.$$

Diese Gleichung beschreibt die Abhängigkeit zwischen Wachsen oder Fallen des magnetischen Flusses und dem Momentanwert des Flusses und der Erregerspannung. Führt man in dieselbe den Wert von Z aus Gleichung A Seite 16 ein, so ergibt sich:

$$E = r_1 \left(i_1 + \frac{w_2}{w_1} i_2\right) + \left(i_1' + \frac{w_2}{w_1} i_2'\right) L_{11} \left(1 + \frac{w_2^2 r_1}{w_1^2 r_2} (1 + \sigma_2)\right).$$

Setzen wir nun

$$i = i_1 + \frac{w_2}{w_1} i_2,$$

so erhält man hieraus:

$$E = r_1 i + i' L_{11} \left(1 + \frac{w_2^2 r_1}{w_1^2 r_2} (1 + \sigma_2)\right) \qquad \text{B)}$$

Aus dieser Gleichung sieht man, daß das Steigen und Fallen des magnetischen Flusses durch die Dämpferwicklung verzögert wird. Betrachtet man nun nicht den wirklichen Erregerstrom, sondern den oben definierten Strom i, welcher die Summe des Primärstromes und des auf die Primärwicklung reduzierten Sekundärstromes ist, so sieht man, daß durch den Einfluß der Dämpferwicklung die Induktanz der Primärwicklung oder Erregerwicklung um den Betrag

$$\frac{w_2^2 r_1}{w_1^2 r_2} (1 + \sigma_2) L_{11}$$

scheinbar vergrößert wird. Wenn man mit diesem fingierten Erregerstrom i rechnet, die Induktanz der Erregerwicklung vergrößert und dabei die Dämpferwicklung entfernt denkt, so wird die Beziehung zwischen der Erregerspannung E und dem magnetischen Fluß richtig dargestellt. Da nun ferner im Beharrungszustand der Strom i_2 in der Dämpferwicklung verschwindet, ist die Beziehung zwischen dem fingierten Erregerstrom i und der Kraftlinienzahl Z identisch mit derjenigen, welche den Beharrungszustand des wirklichen Erregerstromes i_1 mit der Kraftlinienzahl verknüpft.

Da es bei der Untersuchung des Tirrillreglers und des von ihm beherrschten Generators in den folgenden Abschnitten vorliegender Arbeit nicht auf eine Darstellung des wirklichen Erregerstromes in der Erregerwicklung ankommt, sondern nur der Zusammenhang zwischen Erregerspannung und Kraftlinienzahl dargestellt werden muß, werden wir stets mit einer fingierten Erregerwicklung rechnen, welche sich im Beharrungszustand ebenso verhält wie die wirkliche, aber eine größere Zeitkonstante hat. Insbesondere wollen wir noch dieser fingierten Erregerwicklung denselben Widerstand wie der wirklichen zuschreiben; dann erscheint, wie aus der Gleichung B, Seite 17, hervorgeht, in der Rechnung als Erregerstrom i die Summe des wirklichen Erregerstromes und des auf die Erregerwicklung reduzierten Sekundärstromes. Wie schon oben erklärt, ist dann die Kraftlinienzahl eine Funktion von i allein.

Da die Wirbelströme in massiven Magnetgestellen, wie schon früher besprochen wurde, näherungsweise wie eine Dämpferwicklung wirken, können wir dieselben in der gleichen Weise berücksichtigen.

Wenn man die Erregerspannung plötzlich ändert und dabei durch ein registrierendes Meßinstrument den Verlauf der Kraftlinienzahl als Funktion der Zeit aufzeichnet, so wird stets eine Exponentialkurve erscheinen, auch wenn eine Dämpferwicklung oder Wirbelströme vorhanden sind. Durch diese letztere wird nur die Zeitkonstante der Kurve vergrößert. Anstatt die Erregerspannung plötzlich zu ändern, kann man dieselbe auch harmonische Schwingungen ausführen lassen und hierbei aus der Größe der Schwankungen der Kraftlinienzahl oder Maschinenspannung, was bei konstanter Umlaufzahl der Maschine auf dasselbe hinauskommt, die Zeitkonstante berechnen. Vergleicht man die in dieser Weise aus Versuchskurven ermittelte scheinbare Zeitkonstante der Erregerwicklung mit der aus den Daten der Erregerwicklung allein berechneten, so findet man, daß, wenn auch keine Dämpferwicklung vorhanden ist, die Wirbelströme einen erheblichen Einfluß haben. Aus meinen Versuchen an einem größeren Drehstromgenerator ergab sich eine Vergrößerung der Zeitkonstanten auf das 1,3fache. (Siehe Seite 52 u. f. vorliegender Arbeit.)

III. Die Eigenschaften der spannungsempfindlichen Organe des Tirrillreglers.

Nachdem wir im vorigen Abschnitt das Verhalten der selbsterregten Erregermaschine geprüft haben, können wir nunmehr den Tirrillregler genauer untersuchen. Zunächst wollen wir das Arbeiten des Zittermagneten allein (siehe Fig. 2) betrachten. Wir denken uns zu diesem Zwecke den auf die Generatorspannung ansprechenden Spannungsmesser festgehalten. Der Zittermagnet muß nun bei allen vorkommenden Werten der Erregerspannung, welche besonders bei einem Wechselstromgenerator je nach der Belastung sehr verschieden sind, befriedigend arbeiten. Daher ist es notwendig, daß der Zittermagnet statisch ist, d. h. für jede benutzte Erregerspannung eine stabile Gleichgewichtslage finde. Ein astatischer Zittermagnet wäre eben nur bei einem Wert der Erregerspannung im indifferenten Gleichgewicht, und zwar an jeder Stelle seines Hubes. Ein labiler Zittermagnet würde bei der geringsten Störung seinem Hubende zueilen und dieses erst verlassen, wenn die Erregerspannung den Endwert, welcher der

Hubgrenze des Zittermagneten entspricht, überschritten hat. Da dieses Verhalten fortgesetzte große Pendelungen des Reglers zur Folge haben würde, muß der Zittermagnet ein statischer Magnet sein, so daß bei jeder Stellung des Spannungsmessers ein bestimmter Wert der Errregerspannung das Öffnen der Kontakte bewirkt. In der Nähe dieses Wertes wird dann die Erregerspannung so lange verharren, bis der Spannungsmesser seine Lage ändert. Da nun bei dieser einfachsten Bauart des Reglers die Kontakte in halb geöffnetem Zustande stehen

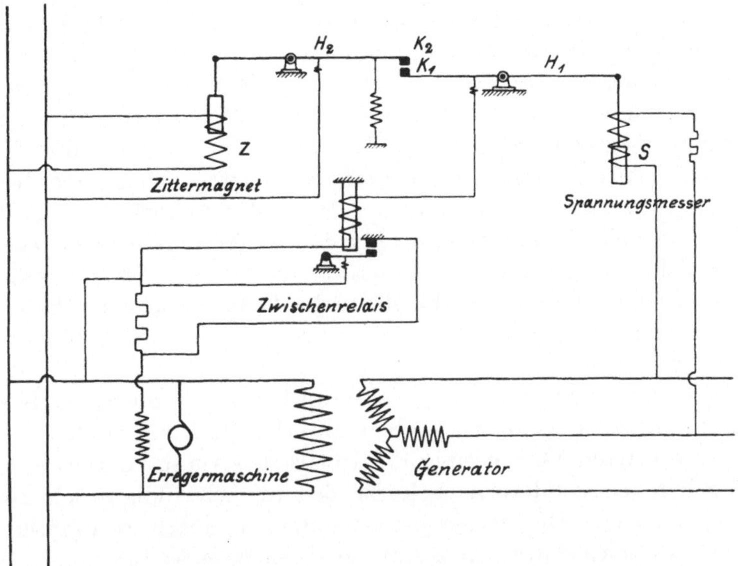

Fig. 8. Schaltschema des Tirrillreglers mit Zwischenrelais.

bleiben müssen, würde sich, abgesehen von den Störungen, welche die Instabilität des Lichtbogens an den Kontakten zur Folge hat, der Mangel zeigen, daß die Kontakte schnell verbrennen. Dieser Übelstand ist beim Tirrillregler beseitigt durch Anwendung eines oder mehrerer Zwischenrelais, welche von den Kontakten am Zittermagnet, den sogenannten Hauptkontakten, gesteuert werden. Fig. 8 zeigt das durch Einzeichnung eines Zwischenrelais vervollständigte Schaltungsschema. Die Zwischenrelais pflegt man nun als labile Magnete auszuführen, so daß ihre Anker innerhalb des benutzten Hubes nur labile Gleichgewichtslagen finden können. Bei der kleinsten Verschiebung setzen sie sich mit wachsender Beschleunigung in Bewegung, bis sie ihr Hubende erreicht haben. Sie überschreiten daher die für die Kontakte gefährlichen mittleren Teile ihres Hubes stets schnell; die von dem statischen Zittermagnet gesteuerten Hauptkontakte bewegen sich bei feststehendem Spannungsmesser, wenn man von dem Einflusse der Masse des Zittermagneten absehen kann, dagegen nur so schnell, als der Steigerung des Stromes in ihrer Wicklung entspricht.

Die Eigenschaft eines derartigen Relais, nicht sofort den steuernden Hauptkontakten zu folgen, sondern um Bruchteile einer Sekunde hinter diesen nachzueilen, ist für das Arbeiten des Reglers von maßgebender Bedeutung, wie wir noch sehen werden. Die Verzögerung im Nachfolgen der Relais wird durch zwei Ursachen bedingt. Einmal hindert die Induktanz der Relaiswicklung das sofortige Ansteigen oder Fallen des Steuerstromes. Ferner ist bei der üblichen Bauart der Zwischenrelais der bewegliche Kontaktknopf nicht direkt auf dem Anker angeordnet, sondern unter Zwischenschaltung einer kleinen Feder daran angehängt. Bevor die Relaiskontakte sich öffnen, muß der Anker erst einen Weg zurücklegen, welcher der Durchbiegung der Feder entspricht. Aus diesem Grunde tritt sogar beim Öffnen der Relaiskontakte der verzögernde Einfluß der Masse des Ankers hervor. Beim Schließen derselben muß andererseits der Anker eine Strecke zurücklegen, welche der Öffnung der Kontakte entspricht. Indem man die Hubbegrenzung verstellt oder die Härte der Feder, welche den Kontaktknopf trägt, ändert, kann man die Verzögerungszeit innerhalb gewisser Grenzen einstellen[1]).

Denken wir uns nun etwa, die Hauptkontakte haben den Steuerstrom für die Zwischenrelais soeben unterbrochen, so werden infolge der eben erklärten Verzögerung die Relais den Hauptkontakten nicht sofort gehorchen, sondern noch kurze Zeit in vollständig geschlossener Stellung verharren. Die Erregerspannung steigt demnach noch weiter, und die Hauptkontakte entfernen sich im gleichen Maße weiter voneinander, so daß kein Lichtbogen zwischen ihnen stehen bleiben kann. Nachdem einige Zeit, etwa $^1/_{20}$ Sekunde, seit der Öffnung der Hauptkontakte verflossen ist, öffnen sich auch die Relaiskontakte, und die Erregerspannung beginnt zu sinken. Sie langt nun allmählich wieder auf ihrem normalen Werte an, und die Hauptkontakte schließen dann den Steuerstromkreis für die Relais. Da diese wiederum nicht sogleich dem Steuerstrom gehorchen, sinkt die Erregerspannung weiter, und die Hauptkontakte werden mit verhältnismäßig großer Kraft aufeinander gedrückt, was für die Unterdrückung der Funkenbildung günstig ist. Schließlich folgen die Relaiskontakte nach, die Erreger-

---

[1]) Ähnlich wie die Relaisverzögerung wirkt auch die Induktanz der Wicklung des Zittermagneten, welche das Anwachsen der Stromstärke und damit die Bewegung des Zittermagneten selbst verzögert. Da der Betrag dieser Verzögerung verhältnismäßig klein zu sein scheint und sie sich im übrigen fast wie die Relaisverzögerung äußert, brauchen wir diese Erscheinung nicht im einzelnen zu untersuchen.

spannung steigt wieder, und das Spiel der Kontakte beginnt von neuem[1]).

Häufig findet man die Ansicht vertreten, daß die Oszillationen der Erregerspannung durch die Reibung des Hebels des Zittermagneten in seinen Lagern verursacht werden. Sofern das Gewicht des Eisenkernes und des Hebels der Hauptanteil der Belastung für die Zapfenlagerung des letzteren ist, würde dies darauf hinauskommen, daß die Größe der Oszillationen der Erregerspannung umgekehrt proportional sind. Auch wenn man annimmt, daß die Reibung des Zittermagneten bei höherer Erregerspannung so stark zunimmt wie seine magnetische Zugkraft, könnte man doch nicht den außerordentlichen Unterschied der Größe der Oszillationen bei tiefer und hoher Erregerspannung erklären, welche man z. B. in Fig. 7 wahrnehmen kann.

Die Zapfenreibung ist auch von vornherein so veränderlich und von wechselnden Einflüssen abhängig, daß man ihr keinen maßgebenden Einfluß auf das Arbeiten des Reglers einräumen kann. Man ist vielmehr genötigt, die Reibung möglichst klein zu machen, damit sie keine Betriebsstörungen veranlassen kann.

Die Hysteresis in dem Eisenkern des Zittermagneten könnte ähnlich wirken wie eine Reibung. Da sich aber das magnetische Nutzfeld außerhalb des Eisens noch durch lange Lufträume schließen muß, kann der Einfluß der Hysteresis nur klein sein.

Die Masse des Zittermagneten scheint bei den üblichen Ausführungen des Tirrillreglers keinen nennenswerten Einfluß auf die Größe der Oszillationen der Erregerspannung auszuüben. Die Eigenschwingungsdauer des Zittermagneten, d. h. die Dauer einer vollen Schwingung, welche der Zittermagnet um seine Gleichgewichtslage ausführt, wenn man ihn gewaltsam daraus verschoben hat, beträgt etwa $^1/_{20}$ bis $^1/_{40}$ Sekunde, so daß bei der gebräuchlichen Zitterfrequenz 5 pro Sekunde der Zittermagnet fast genau den Schwankungen der Erregerspannung folgt, ohne durch seine Masse merklich verzögert zu werden. Seine Stellung entspricht daher stets dem Momentanwert der Erregerspannung.

Überschläglich läßt sich die Eigenschwingungsdauer des Zittermagneten folgendermaßen abschätzen.

Bei dem zu den später beschriebenen Versuchen benutzten Tirrillregler pulsierte die Erregerspannung, während sich der Regler im Beharrungszustande befand, um etwa 5 % um ihren Mittelwert (siehe Fig. 19). Dabei bewegte sich der Eisenkern des Zittermagneten um

---

[1]) Bei indirekten Geschwindigkeitsreglern sind sehr schnelle Pendelungen, welche auf genau denselben Ursachen, wie die Oszillationen des Zittermagneten beim Tirrillregler, nämlich einer kleinen Verzögerung in dem Arbeiten eines untergeordneten Organs, beruhen, bekannt unter dem Namen Veitstanz.

etwa 0,05 mm. Der Mittelwert der magnetischen Zugkraft auf den Eisenkern während der Erzitterungen ist mit dem augenblicklichen Mittelwert der Erregerspannung veränderlich und beträgt schätzungsweise im Mittel doppelt so viel als das Gewicht des Eisenkernes (nebst Zuschlägen für das Gewicht und die Masse des zugehörigen Hebels). Da nun ferner die magnetische Zugkraft dem Quadrate der Erregerspannung proportional ist, werden während der Erzitterungen auf den Eisenkern Kräfte von 20 % seines Eigengewichtes ausgeübt, welche ihn, wie schon erwähnt, um 0,05 mm aus seiner Mittellage verschieben. Daraus berechnet sich seine Eigenschwingungsdauer zu

$$2\pi\sqrt{\frac{0{,}05}{9810\cdot 0{,}2}} = 0{,}03 \text{ sec.}$$

Dieses Resultat bestätigt die dieser Berechnung zugrunde liegende Voraussetzung, daß die Masse des Zittermagneten auf die Größe der Zitterbewegungen keinen nennenswerten Einfluß hat[1]).

Es ist auch nicht zu erwarten, daß ein Regler, welcher einen Zittermagneten mit größerer Eigenschwingungsdauer hat, befriedigend arbeitet. Denn selbst geringe Änderungen der Zitterfrequenz, welche sich ja nicht genau konstant halten läßt, können dann große Veränderungen der Hubhöhe des Zittermagneten veranlassen, da man sich dann der Resonanz zwischen den Zitterbewegungen und der Eigenschwingung des Zittermagneten zu stark nähert.

Die Verzögerung in dem Nachfolgen der Zwischenrelais kann man in erster Annäherung als konstant annehmen. Bei höherer Erregerspannung werden allerdings die Relais von der höheren Erregerspannung gesteuert und dem Steuerstrom etwas rascher folgen. Dafür werden dann aber auch infolge der erhöhten Stromstärke in dem Erregerkreis der Erregermaschine die Relaiskontakte einen größeren Strom schalten müssen, so daß sie sich etwas weiter als bei niederer Erregerspannung voneinander entfernen müssen, ehe der Lichtbogen an ihnen erlischt. Durch diese Erscheinung wird also wenigstens beim Öffnen der Relaiskontakte die Verzögerungszeit vergrößert, so daß man mit einiger Annäherung die Verzögerungszeit für alle Erregerspannungen gleich groß annehmen kann.

Es ergibt sich jetzt auch eine einfache Erklärung für die Erscheinung, daß die Frequenz des Zitterns bei höherer Erregerspannung

---

[1]) Natalis erblickt dagegen in seiner Schrift „Die selbsttätige Regulierung der elektrischen Generatoren“ (Braunschweig 1908) die Hauptursache der Zitterbewegungen in der Trägheit der bewegten Masse (vergleiche dort Seite 77, Zeile 16). Bei der eingehenden rechnerischen Untersuchung der Zitterbewegungen nimmt Natalis die Federspannung näherungsweise als konstant an, was nach meiner Ansicht nicht erlaubt sein kann. (Vergleiche ebenda Seite 78, Zeile 12.)

abnimmt. Wie wir früher gesehen haben (siehe Fig. 4 und 5), ist bei der üblichen Einstellung des Regulierwiderstandes bei niedriger Erregerspannung die Geschwindigkeit der Spannungssteigerung der Erregermaschine bei geschlossenen Relaiskontakten nicht allzu verschieden von der Schnelligkeit des Spannungsabfalles bei geöffneten Relaiskontakten. Erst wenn sich die Erregerspannung ihrem unteren Beharrungszustande nähert, ändert sich die Erregungsgeschwindigkeit erheblich, was aber beim Tirrillregler nicht vorkommt. Die Oszillationen der Erregerspannung sind für diesen Fall in Fig. 9 schematisch dargestellt. Die punktierte Linie bezeichnet den Wert der Erregerspannung, bei welchem sich die Hauptkontakte zu lüften oder zu schließen beginnen. Das Arbeiten der Relaiskontakte erfolgt stets um eine gleichbleibende Zeit später als die Öffnung oder der Schluß der Hauptkontakte und äußert sich in dem Knick der Erregerspannungskurve.

Fig. 9. Schema der symmetrischen Oszillationen der Erregerspannung beim Tirrillregler.

Fig. 10. Schema der unsymmetrischen Oszillationen der Erregerspannung beim Tirrillregler.

Diese setzt sich also aus kleinen Stückchen steigender und fallender Spannung zusammen. Da bei der niederen Erregerspannung die Neigung dieser Stückchen etwa gleich groß ist, ergibt sich eine symmetrische Form für die Zickzackkurve. Der Mittelwert der Erregerspannung ist dabei gleich demjenigen, bei welchem sich die Hauptkontakte lüften oder schließen.

Anders liegen die Verhältnisse bei höheren Erregerspannungen. Die Geschwindigkeit der Spannungssteigerung der Erregermaschine bei geschlossenen Relaiskontakten ist hier noch kaum kleiner als im vorhin betrachteten Falle. Dagegen nimmt die Schnelligkeit des Abfallens der Spannung nach Öffnung der Relaiskontakte ganz bedeutend zu. Letztere bestimmt hier im wesentlichen die Frequenz des Zitterns. Haben sich nämlich bei fallender Erregerspannung die Hauptkontakte geschlossen, so vergeht, wie vorhin, eine gewisse Verzögerungszeit, bevor sich auch die Relaiskontakte schließen. Da nun die Erregerspannung sehr schnell sinkt, wird innerhalb der Verzögerungszeit der Abfall der Erregerspannung verhältnismäßig groß sein. Infolgedessen ist dann wieder eine größere Zeit erforderlich, bis nach dem Schluß der Relaiskontakte die Erregerspannung soweit gestiegen ist, daß sich die Hauptkontakte lüften.

Fig. 10 veranschaulicht diese unsymmetrischen Oszillationen. Die punktierte Linie bezeichnet den Wert der Erregerspannung, welcher das Arbeiten der Hauptkontakte bewirkt. Die Relaiskontakte arbeiten um eine bestimmte, stets gleichbleibende Zeit später als der Moment, in dem die Erregerspannungskurve in Fig. 10 die punktierte Linie durchschneidet. Die Verzögerungszeit ist ebenso groß gewählt wie in Fig. 9; außerdem sind die aufsteigenden Stückchen der Kurve ebenso steil wie dort; geändert ist nur die Neigung der absteigenden Stückchen auf das Dreifache. In Übereinstimmung mit bekannten Versuchsresultaten[1]) bemerkt man, daß bei hohen Werten der Erregerspannung die Erzitterungen folgende Eigentümlichkeiten aufweisen:

1. Die Zitterfrequenz wird kleiner.
2. Die Schwankungen der Erregerspannung werden größer.
3. Der zeitliche Mittelwert der Erregerspannung ist nicht mehr gleich dem Werte, welcher das Arbeiten der Hauptkontakte veranlaßt, sondern liegt erheblich niedriger.

Wir hatten bereits gesehen, daß die Stellung des Hebels H_2, welcher unter dem Einflusse des Zittermagneten steht, von dem momentanen Wert der Erregerspannung bestimmt wird. Hält man den Spannungsmesser S fest, so wird der Hebel H_2 die Hauptkontakte K_1 und K_2 (siehe Fig. 8) bei einem durch die Lage des festgehaltenen Hebels H_1 des Spannungsmessers bestimmten Werte der Erregerspannung lüften und so lange offenhalten, bis die Erregerspannung wieder auf den der betreffenden Stellung des Hebels H_1 zugeordneten Wert gesunken ist. Jeder Lage des Hebels H_1 entspricht also ein bestimmter Wert der Erregerspannung; auf diesen Wert sucht der Zittermagnet dieselbe einzustellen. Bei starker Belastung des Generators, und zwar namentlich bei induktiver, muß daher der Eisenkern des Spannungsmessers S in seiner Spule eine räumlich tiefere Lage einnehmen als bei schwacher Belastung. Soll nun der Regler die Generatorspannung stets auf den gleichen Wert einstellen, so muß bei dieser normalen Spannung der Eisenkern an jeder Stelle seines Hubes im Gleichgewicht sein. Man muß daher für den Spannungsmesser einen astatischen Magnet verwenden. Schon ein gewöhnliches Solenoid erfüllt diese Bedingung, wenn man nur einen gewissen, kleinen Teil seines Hubes ausnutzt.

Um in Wechselstromanlagen die Unabhängigkeit der Einstellung der Spannung von der Wechselfrequenz zu erzielen, wird vor die Spule des Spannungsmessers ein großer induktionsfreier Widerstand geschaltet.

Gelegentlich finden sich auch auf dem Spannungsmesser noch Compoundwicklungen, welche eine Abhängigkeit der vom Regler eingestellten Spannung von der Belastung, der Stromstärke oder dergleichen erzielen.

---

[1]) Siehe Fig. 7.

Der Spannungsmesser ist mit einer Ölbremse versehen, welche seine Bewegungen verlangsamt. Da man stets auf ein möglichst schnelles Arbeiten des Reglers Wert legen muß, und andererseits von vornherein klar ist, daß die Ölbremse die Reguliergeschwindigkeit herabsetzt, hat man oft versucht, dieselbe wegzulassen. Es zeigte sich dann aber stets, daß der Regler nach Entfernung der Ölbremse niemals mehr zur Ruhe kommt, sondern mehr oder weniger große, dauernde Schwingungen um seine Gleichgewichtslage ausführt, welche mit unerträglichen Schwankungen der Generatorspannung verknüpft sind. Die Gründe dieser lästigen Schwingungserscheinungen und die Mittel, welche ihre Beseitigung ohne gleichzeitige Verringerung der Reguliergeschwindigkeit erlauben, können nur bei einer eingehenden Untersuchung des Bewegungsvorganges des Reglers gefunden werden, welche in den folgenden Abschnitten durchgeführt wird.

IV. Der Reguliervorgang beim Tirrillregler ohne Berücksichtigung der Relaisverzögerung.

Das Arbeiten des Tirrillreglers soll zunächst untersucht werden unter Vernachlässigung der fortgesetzten Oszillationen der Erregerspannung und unter Vernachlässigung der Verzögerung in der Einwirkung des Spannungsmessers auf die Erregerspannung, welche durch die Anwendung der Zwischenrelais verursacht wird. Auch sollen die Bewegungen des Spannungsmessers so langsam sein, daß die Erregerspannung und mit ihr der Zittermagnet dem Spannungsmesser sofort nachfolgen können. Unter diesen vereinfachten Annahmen läßt sich das Verhalten des Reglers mit wenigen einfachen Gleichungen beschreiben.

Zunächst stellen wir die Bewegungsgleichung für den Eisenkern des Spannungsmessers und den darangehängten Hebel nebst der Ölbremse auf. Erleichtert wird die zahlenmäßige Ermittelung der hierzu notwendigen Konstanten durch den Umstand, daß der Spannungsmesser nicht mit Federn belastet ist, sondern nur unter dem Einflusse seines Eigengewichtes steht. Ist der schwingende Hebel H_1 in Fig. 8 nicht von vornherein angenähert ausbalanciert, so denken wir uns sein Gewicht statisch auf seinen Drehpunkt und auf den Angriffspunkt des Solenoidkernes verteilt. Schlagen wir letzteren Betrag zum Gewicht des Eisenkernes, der vertikalen Verbindungsstange und des Kolbens der Ölbremse, unter Abzug des Auftriebes des letzteren in der Bremsflüssigkeit, so erhalten wir die gesamte Kraft, welcher durch die magnetische Zugkraft bei der normalen Netzspannung das Gleichgewicht gehalten werden muß. Diese Kraft sei mit m g bezeichnet, wobei g die Erdbeschleunigung bedeuten soll; m wäre dann bei gewichts- und masselosem Hebel H_1 einfach nur die Masse des Eisenkernes und der zugehörigen Teile.

In den Stromkreis des Spannungsmessers sei soviel induktionsfreier Widerstand geschaltet, daß keine Abhängigkeit der Feldstärke im Spannungsmesser von der Wechselfrequenz fühlbar wird. Da ferner der magnetische Kraftfluß, welcher den Eisenkern hebt, bei den üblichen Ausführungen einen großen Luftraum zu überschreiten hat, ist der Kern weit von der magnetischen Sättigung entfernt, so daß man auf dieselbe keine Rücksicht zu nehmen braucht. Ändert sich nun etwa die Spannung, bei welcher der Spannungsmesser im Gleichgewicht ist, um 1 %, so wird sich die magnetische Zugkraft mit großer Annäherung um 2 % ändern, da sie ja dem Quadrat der Spannung proportional ist.

Die normale Netzspannung, bei welcher der Spannungsmesser im Gleichgewicht ist, sei mit E_0 bezeichnet. Da nun bei dieser normalen Spannung die magnetische Zugkraft des Spannungsmessers gleich dem oben eingeführten Werte m g ist, ergibt sich bei Veränderungen der Spannung aus dem Eigengewicht und der magnetischen Kraft als Resultierende die Kraft $2\,m\,g\,\frac{E - E_0}{E_0}$. Bei Spannungserhöhungen, also positivem Spannungsüberschuß ist die Kraft auf dem Spannungsmesser aufwärts gerichtet. Ist der Spannungsmesser astatisch, so gilt dies allgemein für jede Stelle seines Hubes. Liegt ein nicht astatischer Spannungsmesser vor, so wird der Regler je nach der Belastung verschieden hohe Spannung einstellen. In Analogie mit dem beim Dampfmaschinenpendel gebräuchlichen Ausdrucke wollen wir sagen, daß er dann eine Ungleichförmigkeit habe. Die Ungleichförmigkeit sei positiv, wenn der Spannungsmesser bei höheren Erregerspannungen, also bei Anordnungen wie beim Tirrillregler, bei räumlich niedrigeren Stellungen des Eisenkernes unter dem Einflusse einer niedrigeren Netzspannung im Gleichgewichte steht. Der Spannungsmesser ist dann statisch. Ist die Ungleichförmigkeit dagegen negativ, so wäre er labil.

Wir wollen auch den Einfluß dieser Ungleichförmigkeit auf den Reguliervorgang ermitteln. Bezeichnen wir die Gleichgewichtsspannung am oberen Ende des Hubes des Spannungsmessers mit E_1, diejenige am unteren Ende mit E_2, so sei unter der Ungleichförmigkeit δ die Größe verstanden $\delta = \frac{E_1 - E_2}{E_m}$, worin E_m die mittlere Spannung ist.

Es soll unser Ziel sein, kleine Schwingungen des Reglers in der Nähe eines Gleichgewichtszustandes zu untersuchen. Die Netzspannung in dem betrachteten Gleichgewichtszustande sei E_0, die zugehörige Stellung des Spannungsmessers x_0. Verschiebt man den Eisenkern bei konstanter Netzspannung E_0 aus seiner Gleichgewichtslage x_0, so sind dazu Kräfte nötig, welche dem Ungleichförmigkeitsgrade δ proportional sind. Bezeichnen wir den gesamten Hub des Spannungsmessers mit H, so wäre er nach einer Verschiebung von $(x - x_0)$ aus der Gleichgewichtslage bei einer um den Betrag $\frac{\delta(x - x_0)}{H} E_m$ vergrößerten Netzspannung im Gleichgewicht, wenn wir den Hub x des Spannungsmessers nach oben positiv zählen. Bleibt nun die Netzspannung bei der Verschiebung ungeändert, so wird sich hierbei eine Kraftwirkung bemerkbar machen, die wenigstens bei kleinen Werten der Ungleichförmigkeit δ ebenso groß ist, als wenn sich bei der Gleichgewichtsstellung x_0 des Spannungsmessers die Netzspannung um den Betrag $\frac{\delta(x - x_0)}{H} E_0$ geändert hätte. Die Differenz zwischen dem mittleren Wert der Netzspannung E_m und ihrem Wert im Gleichgewichtszustand E_0 muß nämlich stets kleiner sein $\frac{\delta}{2} E_m$. Der Fehler, den man begeht, wenn man δE_m mit δE_0 vertauscht, ist daher bei kleinem Werte von δ verschwindend klein, da er nur von der Größenordnung $\delta^2 E_m$ ist.

Wir haben bereits oben gesehen, daß bei einer Änderung der Netzspannung um den Betrag $E - E_0$ sich eine Kraftwirkung von der Größe $2\,m\,g \frac{E - E_0}{E_0}$ auf den Spannungsmesser ergibt; also in diesem Falle die Kraft

$$\frac{2\,m\,g\,\delta(x - x_0)}{H}.$$

Auf den Spannungsmesser wirkt ferner noch die Ölbremse. Im allgemeinen zeigen derartige Ölbremsen die Eigentümlichkeit, daß die Bremskraft nicht allein der ersten Potenz der Geschwindigkeit proportional ist, sondern noch ein Glied enthält, welches der zweiten Potenz derselben proportional zu setzen ist. Letzteres tritt besonders dann hervor, wenn, wie beim Tirrillregler üblich, ziemlich dünnflüssiges Öl verwendet wird. Man wird zur Anwendung desselben durch den Umstand gedrängt, daß die Zähigkeit dickflüssiger Öle mit der Temperatur und ihrem Alter sehr veränderlich ist, so daß man lieber eine Ölbremse mit feinen Drosselöffnungen für dünnflüssiges Öl anwendet. Dann ist die Bremskraft weniger von der Zähigkeit als der spezifischen Masse des Öles abhängig und daher nicht so stark mit den äußeren Umständen, veränderlich. Gleichzeitig hat man damit scheinbar den Nachteil in Kauf genommen, daß die Bremskraft nicht nur von der ersten, sondern auch von der zweiten Potenz der Geschwindigkeit abhängt. Bei ganz kleinen Geschwindigkeiten wäre demnach eine genügende Bremswirkung nur zu erzielen, wenn man gleichzeitig bei größeren Geschwindigkeiten eine sehr große zuläßt. Es ist nun aber zu bedenken, daß außerhalb der Ölbremse der Spannungsmesser noch eine merkliche, von der Größe der Geschwindigkeit unabhängige Reibung hat. Der Einfluß der letzteren kann nun bei kleineren Geschwindigkeiten, wo ja die Bremskräfte auch bei der ideellen, mit zähem Öl gefüllten Bremse klein werden, so stark hervortreten, daß im ganzen die Bremskraft mit guter Annäherung der ersten Potenz der Geschwindigkeit proportional gesetzt werden kann. Wir müssen dabei nur im Auge behalten, daß bei ganz großen und bei ganz kleinen Geschwindigkeiten die Bremskraft größer sein kann, als der von uns eingeführten Proportionalität mit der Geschwindigkeit entspricht.

Die Bremse an unserem Spannungsmesser sei nun so eingestellt, daß bei der Einheit der Geschwindigkeit die Bremskraft auf die Einheit des Gewichtes des Eisenkernes die Größe w habe. Insgesamt beträgt dann bei einer beliebigen Geschwindigkeit x' des Spannungsmessers die Bremskraft $w\,m\,g\,x'$.

Schließlich ist zur Beschleunigung der Masse M des Spannungsmessers eine Kraft nötig von der Größe $M x''$. M wäre dabei die Masse des Eisenkernes nebst der Verbindungsstange und der reduzierten Masse des Hebels H_1. Die Belastungsgewichte am Spannungsmesser, welche zur Veränderung der Spannung dienen, sind häufig mit Federn angehängt. Doch sind diese so hart, daß sie bei der Langsamkeit der Reglerschwingungen keinen nennenswerten Einfluß ausüben können. Wir dürfen sie daher als starr betrachten. In der Regel ist nun das Gewicht und die Masse des Eisenkernes selbst der Hauptanteil der in die Rechnung einzuführenden Masse. Wir hatten schon oben das Gewicht des Kernes nebst unerheblichen Zuschlägen mit $m\,g$ bezeichnet; seine Masse ist daher m. Um den Zuschlag für die reduzierte Masse des Hebels H_1 zu berücksichtigen, führen wir noch einen Faktor k ein und setzen $M = k\,m$. k kann aus den Abmessungen des Reglers in einfacher Weise berechnet werden. Bei den üblichen Ausführungen hat k schätzungsweise den Wert 1,3.

Außerdem wirkt auf den Spannungsmesser noch ein von dem Zittermagneten durch die Hauptkontakte übertragener Druck, welcher mit den Zitterbewegungen pulsiert. Bei der Schnelligkeit dieser Zitterbewegungen wird der Spannungsmesser nicht durch die einzelnen Stöße, sondern nur durch ihren Mittelwert beeinflußt. Im Beharrungszustande des Reglers ist der Mittelwert des Kontaktdruckes mit der Stellung des Spannungsmessers eindeutig bestimmt und muß bei der genauen Justierung des letzteren berücksichtigt werden. Der Kontaktdruck ist nun außer von der Stellung des Spannungsmessers noch von dessen Bewegungsgeschwindigkeit abhängig; während einer Bewegung des Spannungsmessers verändert sich der Kontaktdruck in der Weise, daß er die Wirkung der Ölbremse unterstützt. Diese Veränderlichkeit des Kontaktdruckes mit der Geschwindigkeit des Spannungsmessers kann man daher außer für die später zu betrachtenden großen Schwingungen des Reglers durch einen Zuschlag zu der Kraft der Ölbremse berücksichtigen.

Durch Zusammenfassung der eben ermittelten Kräfte ergibt sich die Bewegungsgleichung für den Spannungsmesser, wenn man seinen Hub x nach oben positiv rechnet:

$$k\,m\,x'' + w\,m\,g\,x' + 2\,\delta\,\frac{x - x_0}{H}\,m\,g - 2\,m\,g\,\frac{E - E_0}{E_0} = 0 \text{ [1]} \qquad 1)$$

Der Hub des Spannungsmessers muß nun so groß sein, daß der Regler sowohl die größte als auch die kleinste notwendige Erregerspannung einstellen kann. Bezeichnen wir die größte dauernd nötige Erregerspannung mit e_m, so kann man unter normalen Verhältnissen darauf rechnen, daß der Regler befriedigend arbeiten wird, wenn die größte und kleinste Erregerspannung, welche der Regler einstellen kann, 1,1 und 0,5 e_m ist. Die Beziehung zwischen der Stellung des Spannungsmessers x und der Erregerspannung e wäre dann

$$e = e_m\left(1{,}1 - 0{,}6\,\frac{x}{H}\right).$$

Das negative Vorzeichen im zweiten Gliede erklärt sich damit, daß bei höheren Lagen des Spannungsmessers, also großen x, die Erregerspannung klein sein muß. Hierbei ist ein linearer Zusammenhang zwischen der Stellung des Spannungsmessers und der Erregerspannung vorausgesetzt. Falls dies nicht mit genügender Annäherung gelten sollte, kann man obige Gleichung, welche für den ganzen Hub

[1]) A. Schwaiger hat in seiner Schrift „Das Regulierproblem in der Elektrotechnik" (Leipzig 1909, Seite 90) den Reguliervorgang beim Tirrillregler unter folgender Voraussetzung untersucht:

Die Ölbremse am Spannungsmesser soll gerade so eingestellt sein, daß sich derselbe immer so schnell bewegt, als der Erregungsgeschwindigkeit der Erregermaschine entspricht.

Sieht man der Einfachheit halber von der Masse des Spannungsmessers ab, so ist seine Geschwindigkeit bei fest eingestellter Ölbremse der Differenz des Momentanwertes der Generatorspannung und ihres normalen Wertes, bei welcher der Spannungsmesser im Gleichgewicht ist, proportional und mit dieser veränderlich. Auch wenn man dem Spannungsmesser eine Unempfindlichkeit, d. h. konstante Reibung in seinen Gelenken, zuschreibt, wird hieran nichts geändert, wenn man je nach der augenblicklichen Richtung seiner Bewegung zwei verschiedene, um die Unempfindlichkeit voneinander entfernte Gleichgewichtswerte der Generatorspannung unterscheidet. Die von Schwaiger gemachte Voraussetzung ist daher überhaupt unerfüllbar und führt zu Trugschlüssen.

gilt, für die Umgebung eines genauer zu untersuchenden Gleichgewichtszustandes durch eine andere mit entsprechend geänderten Koeffizienten ersetzen, welche eine genauere Darstellung ermöglicht. Wechselstromgeneratoren mit sehr kleinen Luftspalten erfordern eine weitergehende Veränderlichkeit der Erregerspannung; man muß daher streng genommen in jedem Einzelfalle die Abhängigkeit zwischen Erregerspannung und Stellung des Spannungsmessers von neuem bestimmen. Wenn es aber nicht auf die größte Genauigkeit der Rechnung ankommt, kann man die obige Gleichung allgemein gelten lassen. Wir setzen daher einfach:

$$e = e_m \left(1{,}1 - 0{,}6 \frac{x}{H}\right) \qquad 2)$$

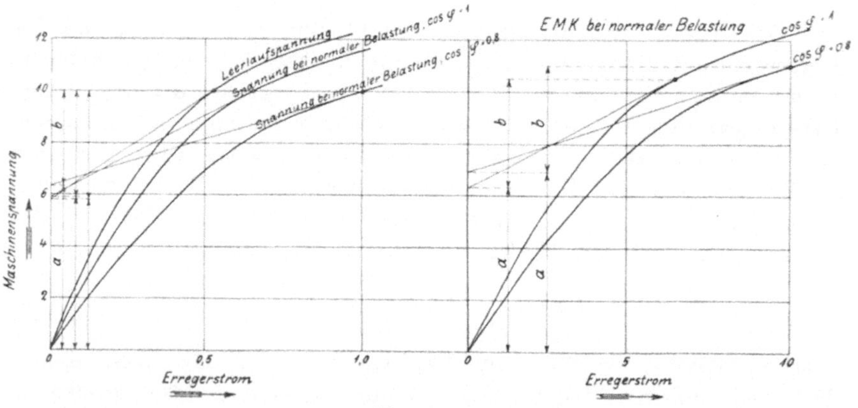

Fig. 11.
Leerlauf und Belastungscharakteristiken eines normalen Wechselstromgenerators.

Ferner ist die Gleichung zwischen den elektrischen Größen des Erregerkreises für den geregelten Generator aufzustellen.

Bezeichnet man mit:

i den Erregerstrom des Generators,

r den Widerstand und

L die Induktanz der Magnetwicklung des Generators und der Verbindungsleitungen,

so ergibt sich für die Klemmspannung e der Erregermaschine die Gleichung:

$$e = r\,i + L\,i' \qquad 3)$$

Die Induktanz L ist durch die Konstanten des Generators noch nicht eindeutig bestimmt, sondern hängt wegen der Ankerrückwirkung noch von seiner Belastung ab. Ist z. B. der Generator unbelastet, so wird die Abhängigkeit der Generatorklemmenspannung E von seinem Erregerstrom i durch die Leerlaufcharakteristik beschrieben. In Fig. 11

ist eine normale Leerlaufcharakteristik gezeichnet. Da wir kleine Pendelungen des Reglers in der Nachbarschaft eines Gleichgewichtszustandes untersuchen wollen, ersetzen wir die Leerlaufcharakteristik durch ihre Tangente in dem Punkte, welcher dem zu betrachtenden Gleichgewichtszustande entspricht. Treten nun kleine Veränderungen des Erregerstromes auf, so wird sich der Nutzkraftfluß des Generators ebenso stark ändern wie seine Klemmenspannung. Das Verhältnis dieser Schwankungen des magnetischen Flusses zu den Schwankungen des Erregerstromes gibt den Anteil des Nutzflusses an der in die Rechnung einzuführenden Induktanz. Dazu tritt ferner noch die durch den gesamten Streufluß veranlaßte Induktanz, welche man den Verhältnissen entsprechend zu schätzen hat.

Bezeichnet man mit

Z_0 den Nutzkraftfluß eines Poles in dem zu betrachtenden Gleichgewichtszustande,

i_0 den Erregerstrom des Generators im Gleichgewichtszustande,

w die Windungszahl der Magnetwicklung pro Pol,

p die Polpaarzahl,

a und b Größen, deren Bedeutung aus Fig. 11 zu entnehmen ist, und welche von der Krümmung der Charakteristik abhängen,

so ist die Induktanz L des Erregerkreises des Generators

$$L = 2\,p\,w\,\frac{dZ}{di}\,10^{-8}\ \text{Henry},$$

oder da E und Z einander proportional sind,

$$L = 2\,p\,w\,\frac{Z_0}{E_0}\,\frac{dE}{di}\,10^{-8}\ \text{Henry}.$$

Ersetzt man die Charakteristik, wie schon oben angegeben wurde, durch ihre Tangente, so ergibt sich als Induktanz der Magnetwicklung für die Umgebung des zu untersuchenden Gleichgewichtszustandes:

$$L = 2\,p\,w\,\frac{Z_0}{E_0}\,\frac{b}{i_0}\,10^{-8}.$$

Der Quotient $\frac{b}{i_0}$ ist, wie aus Fig. 11 hervorgeht, die Tangente des Neigungswinkels der Charakteristik, wenn man beim Aufzeichnen derselben den Längenmaßstab für 1 Volt und 1 Amp. gleich groß wählt.

Dazu kommt noch der oben schon erwähnte Zuschlag für die durch den Streufluß veranlaßte Induktanz.

Man sieht, daß bei übrigens unveränderter Kraftlinienzahl Z_0 der Wert der Induktanz L bei stärkerer Krümmung der Charakteristik abnimmt.

Handelt es sich um die Bestimmung der Induktanz L der Magnetwicklung eines belasteten Generators, so sei vorausgesetzt, daß der Generator mit einer konstanten Impedanz belastet ist oder aber wenigstens mit einer solchen, die nur von dem Momentanwerte der Generatorspannung und nicht von ihren vorhergehenden Veränderungen abhängig ist. Glühlampen, welche ihren Widerstand mit der Spannung stark ändern, können daher vorläufig nur dann in den Kreis der Betrachtung gezogen werden, wenn die Reglerschwingungen nicht zu schnell ausfallen, weil sonst das Nachhinken des Glühlampenwiderstandes hinter der Spannung eine erhebliche Größe annimmt. Ein Asynchronmoter, welcher mit großen Schwungmassen ausgerüstet ist, würde ebenfalls auch bei konstanter Wechselfrequenz besondere, nicht nur von dem Momentanwerte der Spannung abhängende Veränderungen seiner Impedanz zeigen. Er könnte nämlich mit den Reglerschwingungen mitpendeln. Da uns die Betrachtung dieser Aufgabe zu weit führen würde, müssen wir hier von diesen Umständen absehen.

Ferner ist vorauszusetzen, daß die Reaktanz der Belastung für die Frequenzen, welche den Reglerschwingungen entsprechen, klein ist gegen ihre Resistanz. Unter dieser Voraussetzung erreicht nämlich der Generatorstrom und damit die Ankerrückwirkung sogleich ihren Beharrungszustand. Für die Wechselfrequenz eines Wechselstromgenerators braucht darum die Reaktanz der Belastung nicht klein zu sein, da man ja aus anderen Gründen gezwungen ist, mit Wechselfrequenzen von 15 bis 50 zu arbeiten, während die sekundliche Schwingungszahl des Reglers etwa 1 ist, wie sich später herausstellen wird. Unter diesen Umständen ist auch die elektromotorische Kraft der wechselseitigen Induktion zwischen Anker und Magnetwicklung klein, und die elektromotorische Kraft der Drehung ist allein maßgebend für die Generatorspannung.

Der Einfluß der bei Änderungen des Kraftflusses entstehenden Wirbelströme im Joch, in den Polkernen und in einer etwa vorhandenen Dämpferwicklung wurde schon im zweiten Abschnitt eingehend behandelt. Es ergab sich damals, daß er durch einen Zuschlag zur Induktanz der Magnetwicklung näherungsweise berücksichtigt werden kann.

Der Einfluß der ebenda erscheinenden Hysteresis dürfte dagegen nicht erheblich sein, da dieselbe durch die fortwährenden Oszillationen der Erregerspannung so gut wie beseitigt wird.

Ferner wird vorausgesetzt, daß die Umlaufgeschwindigkeit der Kraftmaschine, welche den Generator antreibt, unveränderlich ist. Das Zusammenarbeiten eines Spannungsreglers mit einem Geschwindigkeitsregler führt zu so verwickelten Gleichungen, daß uns die Untersuchung dieser je nach der Bauart des Geschwindigkeitsreglers sehr verschiedenartigen Aufgaben hier zu weit führen würde.

Unter diesen Voraussetzungen, welche einmal im einzelnen erwähnt werden mußten, ist die Klemmenspannung auch beim belasteten Generator eine Funktion des Momentanwertes seines Erregerstromes allein, solange die Belastung unverändert bleibt. Änderungen der letzteren treten zwar auch von Zeit zu Zeit und in der Regel sprungweise auf; doch sind sie nach den gemachten Voraussetzungen nicht durch die Einwirkungen des Reglers auf die Spannung veranlaßt. Eine Belastungsänderung wird stets ein Arbeiten des Reglers hervorrufen; der gesamte Reguliervorgang spielt sich dann aber bei konstanter Belastung ab, wenn die Belastungsänderungen nicht zu häufig sind. Es genügt also, wenn wir das Arbeiten des Reglers bei weiterhin konstanter Belastung untersuchen. Wir tun dies nur für kleine Schwingungen in der Nähe eines Gleichgewichtszustandes, weil wir bei gedämpftem Verlauf derselben annehmen können, daß auch größere Schwingungen so verlaufen, sofern nicht bei großen Schwingungen die beschränkte Erregungsgeschwindigkeit der Erregermaschine hervortritt, womit wir uns aber erst später beschäftigen wollen.

Die Belastungscharakteristik für konstante Impedanz der Belastung läßt sich für verschiedene Stärke der Belastung berechnen oder durch Versuche aufnehmen. Es kommt nun darauf an, den Wert der Induktanz der Magnetwicklung für unsere kleinen Schwingungen zu ermitteln. In Fig. 11 sind neben der Leerlaufcharakteristik noch 2 Belastungscharakteristiken eingetragen. Aus denselben berechnen oder konstruieren wir zunächst die im Anker induzierten EMK für verschiedene Werte des Erregerstromes, indem wir den Spannungsabfall im Anker, welcher von dessen Widerstand und Streureaktanz herrührt, geometrisch addieren. Bei einer Gleichstrommaschine zählen wir einfach den Spannungsabfall an den Bürsten und im Anker hinzu. Dadurch erhält man die EMK als Funktion der Erregerstromstärke (siehe Fig. 11 rechts). Indem wir nun an die so erhaltene Kurve in dem Punkte, welcher dem Gleichgewichtszustande entspricht, die Tangente legen, können wir, wie oben schon für die leerlaufende Maschine geschehen, den Anteil des Hauptfeldes an der Induktanz L der Magnetwicklung ermitteln. Mit denselben Bezeichnungen (siehe Seite 31) erhalten wir dafür den Ausdruck

$$L = 2\,p\,w\,\frac{Z_0}{E_0}\,\frac{b}{i_0}\,10^{-8}\text{ Henry.}$$

Dazu kommt noch, wie früher, ein Zuschlag für die durch den Streufluß veranlaßte Induktanz.

In der Regel läßt sich der Wert $\frac{b}{E_0}$ mit genügender Genauigkeit einfach aus der Belastungscharakteristik entnehmen, wie in Fig. 11 links angedeutet.

Man sieht, daß der Wert der Induktanz L, konstante Klemmenspannung vorausgesetzt, mit der Belastung abnimmt, da ja die Charakteristiken bei höherer Belastung flacher verlaufen. Besonders kleine Werte der Induktanz L erhält man bei einem induktiv belasteten Wechselstromgenerator.

Für den Reguliervorgang kommt das Verhältnis der Induktanz der Magnetwicklung zu ihrem Widerstande, also der Wert von $\frac{L}{r}$ in Betracht. Gewöhnlich versteht man hierunter die Zeitkonstante der Magnetwicklung, die dann aber so berechnet wird, als ob die Charakteristik nicht gekrümmt wäre. Dies ist hier nicht richtig, denn es ergibt sich daraus nur die mittlere Zeitkonstante für die Magnetisierung vom Nullpunkte an, d. i. die Größe $\frac{L}{r}\frac{E_0}{b}$, wie man aus Fig. 11 sieht. Für die vorliegenden Zwecke ist jedoch zunächst der Wert der Zeitkonstanten in der Nähe der Gleichgewichtslage in die Gleichungen einzuführen.

Endlich ist noch die Abhängigkeit der Generatorklemmenspannung E von dem Erregerstrom i, also die Belastungscharakteristik in dem bereits oben definierten Sinne, in die Form einer Gleichung zu kleiden. Wir ersetzen die betreffende Charakteristik für die Umgebung des zu betrachtenden Gleichgewichtszustandes durch ihre Tangente, wie schon oben geschehen, und erhalten mit den Bezeichnungen der Fig. 11

$$E = a + b\frac{i}{i_0} \tag{4}$$

worin i_0 den Erregerstrom im Gleichgewichtszustande bedeutet.

Trägt der Spannungsmesser eine zweite, vom Generatorstrom durchflossene Compoundwicklung, so ist die magnetische Zugkraft auch noch vom Belastungsstrom abhängig. Da aber unter den oben gemachten Voraussetzungen während des zu betrachtenden Reguliervorganges eine eindeutige Beziehung zwischen Generatorstrom und Spannung herrscht, läßt sich der Fall des Spannungsmessers mit Compoundwicklung durch eine kleine Veränderung der Konstanten der eben gefundenen Gleichung der Belastungscharakteristik auf den Fall des Spannungsmessers ohne Compoundwicklung reduzieren.

Die gefundenen Gleichungen sind hier nochmals zusammengestellt:

$$k\,m\,x'' + w\,m\,g\,x' + 2\,\delta\frac{x - x_0}{H}m\,g - 2\,m\,g\frac{E - E_0}{E_0} = 0 \tag{1}$$

$$e = e_m\left\{1{,}1 - 0{,}6\frac{x}{H}\right\} \tag{2}$$

$$e = r\,i + L\,i' \qquad 3)$$

$$E = a + b\,\frac{i}{i_0} \qquad 4)$$

Durch Elimination der übrigen Veränderlichen ermitteln wir hieraus die Gleichung für x, welche die Bewegung des Spannungsmessers beschreibt.

Aus Gleichung 3) und 4) ergibt sich:

$$e = i_0\,r\,\frac{E - a}{b} + \frac{L\,E'\,i_0}{b}.$$

Aus Gleichung 1) erhält man:

$$E = E_0\left\{1 + \frac{k\,x''}{2\,g} + \frac{w\,x'}{2} + \delta\,\frac{x - x_0}{H}\right\}.$$

Hieraus ergibt sich durch Differentiation nach der Zeit:

$$E' = E_0\left\{\frac{k\,x'''}{2\,g} + \frac{w\,x''}{2} + \frac{\delta\,x'}{H}\right\}.$$

Setzt man diese Werte für E und E′ in die oben abgeleitete Gleichung für e ein und berücksichtigt Gleichung 2), so erhält man die Beziehung:

$$e = e_m\left(1{,}1 - 0{,}6\,\frac{x}{H}\right) = \frac{i_0\,r}{b}\left\{E_0\left(1 + \frac{k\,x''}{2\,g} + \frac{w\,x'}{2} + \delta\,\frac{x - x_0}{H}\right) - a\right\}$$
$$+ L\,i_0\,\frac{E_0}{b}\left\{\frac{k\,x'''}{2\,g} + \frac{w\,x''}{2} + \delta\,\frac{x'}{H}\right\}.$$

Zählt man x von seiner Gleichgewichtslage x_0 an, so fallen die konstanten Glieder fort, und man erhält hieraus als Differentialgleichung für x:

$$x''' + x''\left(\frac{r}{L} + \frac{g\,w}{k}\right) + x'\left(\frac{r\,w\,g}{k\,L} + \frac{\delta\,2\,g}{k\,H}\right)$$
$$+ x\left(\frac{r}{L}\,\frac{2\,g}{k\,H}\,\delta + e_m\,\frac{0{,}6\,b\,2\,g}{H\,k\,L\,i_0\,E_0}\right) = 0\,.$$

Es ist nun, wie aus Gleichung 2) hervorgeht,

$$e_m = i_0\,r\,\frac{1}{1{,}1 - 0{,}6\,\frac{x_0}{H}}.$$

Der Ausdruck $e_m\,\frac{0{,}6\,b\,2\,g}{H\,k\,L\,i_0\,E_0}$ kann daher geschrieben werden

$$i_0\,r\,\frac{1}{\left(1{,}1 - 0{,}6\,\frac{x_0}{H}\right)}\,\frac{0{,}6\,b\,2\,g}{H\,k\,L\,i_0\,E_0} \quad \text{oder} \quad 0{,}6\,\frac{1}{1{,}1 - 0{,}6\,\frac{x_0}{H}}\,\frac{2\,g}{H\,k}\,\frac{r\,b}{L\,E_0}.$$

Setzt man dies in die vorhin gefundene Differentialgleichung für x ein, so ergibt sich als endgültige Gleichung für die Bewegung des Reglers:

$$x''' + x''\left(\frac{r}{L} + \frac{g\,w}{k}\right) + x'\left(\frac{r\,w\,g}{k\,L} + \delta\,\frac{2\,g}{k\,H}\right) + x\left\{\frac{r}{L}\,\frac{2\,g}{k\,H}\,\delta + 0{,}6\,\frac{1}{1{,}1 - 0{,}6\,\frac{x_0}{H}}\,\frac{2\,g}{H\,k}\,\frac{r\,b}{L\,E_0}\right\} = 0\,.$$

Die Bedingung dafür, daß die mit dieser Gleichung beschriebene Reglerbewegung gedämpft verläuft, ist:

$$\left(\frac{r}{L} + \frac{g\,w}{k}\right)\left(\frac{r\,w\,g}{k\,L} + \delta\,\frac{2\,g}{k\,H}\right) - \frac{r}{L}\,\frac{2\,g}{k\,H}\,\delta - 0{,}6\,\frac{1}{1{,}1 - 0{,}6\,\frac{x_0}{H}}\,\frac{2\,g}{H\,k}\,\frac{r\,b}{L\,E_0} > 0$$

oder

$$\frac{r^2}{L^2}\,\frac{w\,g}{k} + \frac{g^2\,w^2}{k^2}\,\frac{r}{L} + \delta\,\frac{2\,g^2\,w}{k^2\,H} - 0{,}6\,\frac{1}{1{,}1 - 0{,}6\,\frac{x_0}{H}}\,\frac{2\,g}{H\,k}\,\frac{r\,b}{L\,E_0} > 0.$$

Man sieht daraus, daß auch bei beliebig großem positiven Ungleichförmigkeitsgrade δ die Ölbremse unentbehrlich ist, da w stets größer als 0 sein muß. Je größer man aber den Ungleichförmigkeitsgrad macht, desto schwächer darf die Ölbremse sein. Ferner sieht man, daß eine Vergrößerung der Zeitkonstanten $\frac{L}{r}$ des Erregerkreises des Generators eine Verstärkung des Ungleichförmigkeitsgrades oder der Ölbremse nötig macht. Die Ungleichförmigkeit 0 wäre bei widerstandslosem Erregerkreis, also wenn r = 0 wäre, unmöglich.

Die Eigenschaften des Tirrillreglers entsprechen daher ganz den Eigentümlichkeiten der gewöhnlichen Dampfmaschinenregelung. Auch schon unsere Ausgangsgleichungen 1) bis 4) auf Seite **34** sind ganz identisch mit den bekannten Bewegungsgleichungen für die direkte Kraftmaschinenregelung. Gleichung 1) entspricht der Bewegungsgleichung für das Fliehkraftpendel; x wäre dabei der Muffenhub. Die Größe E entspricht der Umlaufgeschwindigkeit der Kraftmaschine. Die Erregerspannung e in Gleichung 2) und 3) entspricht dem Arbeitsmoment der Maschine. Gleichung 2) gibt in diesem Sinne den Zusammenhang zwischen Muffenstellung und dem Arbeitsmoment der Maschine wieder. Gleichung 3) und 4) zusammengenommen stellen die Bewegungsgleichung für die Maschinenwelle dar. Die Induktanz L beim Tirrillregler entspricht hierbei dem Trägheitsmomente des Maschinenschwungrades. Dem Widerstand r beim Tirrillregler entspricht bei der Kraftmaschine die Veränderlichkeit des resultierenden Momentes von Kraft und Arbeitsmaschine mit der Umlaufszahl. Diese Veränderlichkeit pflegt man allerdings in der Regel bei der Untersuchung der Kraftmaschinenregelung zu vernachlässigen, da ihr Einfluß dort im allgemeinen gering ist. Für den Tirrillregler dagegen haben wir auf Seite 36 gefunden, daß hiervon allein die praktisch wichtige Möglichkeit des Ungleichförmigkeitsgrades gleich oder kleiner als Null abhängt. Es ist nun bekannt, daß auch bei der direkten Kraftmaschinenregelung ein positiver Ungleichförmigkeitsgrad entbehrlich wird, wenn die Differenz der Momente von Arbeits- und Kraftmaschine bei festgehaltener Steuerung mit der Umlaufgeschwindigkeit stark abnimmt. Um die Verwandtschaft zwischen dem Tirrillregler und der direkten Kraftmaschinenregelung genauer darzustellen, wollen wir die bekannten Gleichungen für letztere hier zusammenstellen.

Bezeichnet man bei der direkten Kraftmaschinenregelung mit:

p die Muffenstellung des Fliehkraftpendels in Einheiten des ganzen Hubes, gerechnet vom Gleichgewichtszustande an,

H den Hub der Muffe,

m die auf die Muffe reduzierte Masse der Schwunggewichte und der Hebel des Pendels,

b die Konstante der Ölbremse,

P die Energie des Pendels (Muffendruck),

δ die Ungleichförmigkeit,

u die verhältnismäßige Abweichung der Umlaufgeschwindigkeit der Maschinenwelle von ihrem Werte im Gleichgewichtszustande,

T_d die Anlaufzeit der Kraftmaschine unter dem normalen Maschinendrehmoment,

T_u ein Hundertstel der Anlaufzeit der Kraftmaschine unter dem Einflusse der Differenz der Momente zwischen Kraft- und Arbeitsmaschine, welche bei Veränderungen der Umlaufgeschwindigkeit um 1 % auftritt,

so gelten die Gleichungen:

$$p'' m H + p' b H + p P 2 \delta + 2 u P = 0 \quad \text{[1]} \qquad 1)$$

$$u' = \frac{p}{T_d} - \frac{u}{T_u} \qquad 2)$$

Vergleicht man die Gleichung 1) der Kraftmaschinenregelung und Gleichung 1) für den Tirrillregler (siehe Seite 34), so sieht man, daß für den Spannungsmesser des Tirrillreglers dieselbe Bewegungsgleichung

[1] Differentiationen nach der Zeit sind durch Striche bezeichnet.

gilt wie für ein Kraftmaschinenpendel mit der Masse k m, der Energie mg, der Bremskonstanten $\frac{w}{H}$ und dem nämlichen Werte der Ungleichförmigkeit δ. Dabei entsprechen sich Generatorspannung beim Tirrillregler und Umlaufgeschwindigkeit bei der Kraftmaschine. Zur Erleichterung der Übersicht bei der weiteren Durchführung des Vergleiches empfiehlt es sich, Gleichung 2) bis 4) des Tirrillreglers zu einer einzigen zusammenzuziehen. Rechnet man dabei die Werte aller Veränderlichen von ihrem Gleichgewichtszustande an, so erhält man die Beziehung:

$$\frac{E'}{E_0} = \frac{0{,}6\, e_m b}{i_0 L E_0} \frac{x}{H} - \frac{r}{L} \frac{E}{E_0}$$

oder, wie schon auf Seite 40 abgeleitet wurde,

$$\frac{E'}{E_0} = 0{,}6 \frac{x}{H} \frac{1}{1{,}1 - 0{,}6 \frac{x_0}{H}} \frac{r b}{L E_0} - \frac{r}{L} \frac{E}{E_0}.$$

Diese Gleichung entspricht der Gleichung 2) der Kraftmaschinenregelung. Die dem Generator beim Tirrillregler entsprechende Kraftmaschine hätte eine Anlaufzeit von

$$\frac{r}{L} \frac{b}{E_0} 0{,}6 \frac{1}{1{,}1 - 0{,}6 \frac{x_0}{H}} \text{ Sekunden,}$$

während die Größe T_u bei ihr gleich dem Werte der Zeitkonstanten im Erregerkreise des Generators wäre[1]).

In der Gleichung für die Bewegung des Tirrillreglers (siehe Seite 36) bedeutete der Faktor w g m die Größe der Bremskraft der Ölbremse

[1]) Auch bei der Kraftmaschinenregelung hat T_u die Bedeutung einer Zeitkonstanten, welche man sich folgendermaßen veranschaulichen kann. Hat man eine Kraftmaschine, bei welcher, auch bei festgestellter Steuerung, die Differenz der Momente von Kraft- und Arbeitsmaschine mit der Umlaufgeschwindigkeit abnimmt, wie z. B. eine Dampfmaschine, welche eine Kreiselpumpe treibt, so entspricht innerhalb gewisser Grenzen jeder Stellung der Steuerung im Beharrungszustande ein bestimmter Wert der Umlaufgeschwindigkeit. Verstellt man nun einmal plötzlich die Steuerung, so strebt die Umlaufgeschwindigkeit langsam einem neuen Werte zu, z. B. u_0. Bei diesem Vorgange verläuft die Umlaufgeschwindigkeit des Maschinensatzes nach einer Exponentialfunktion der Zeit von der Form

$$u_0 \left(1 \pm \varepsilon^{-\frac{t}{T_u}}\right)$$

worin

u_0 die Umlaufgeschwindigkeit in dem neuen Beharrungszustande,
T_u die schon oben definierte Zeitkonstante,
t die Zeit,
ε die Basis des natürlichen Logarithmensystems

bedeuten.

bei der Einheit der Geschwindigkeit. Schaltet man plötzlich den Spannungsmesser von dem Netz ab, so wird sich der zugehörige Hebel H_1 (siehe Fig. 8) in Bewegung setzen[1]). Sieht man von den Hubbegrenzungen ab, so würde er schließlich die Geschwindigkeit $\frac{1}{w}$ erreichen; denn dann wäre die von der Bremse auf den Hebel ausgeübte Kraft gleich dem Gewicht des Eisenkernes des Spannungsmessers. Die Größe w läßt sich daher an einem ausgeführten Regler leicht messen, indem man den Spannungsmesser vom Netz abschaltet und die Zeit bestimmt, welche derselbe braucht, um seinen gesamten Hub zurückzulegen. Die Ölbremse ist nämlich betriebsmäßig so kräftig, daß man die Zeit, welche vergeht, bis der Spannungsmesser nach Abschalten der Spannung eine annähernd gleichförmige Geschwindigkeit erreicht hat, vernachlässigen kann. Die Konstante w ist daher einfach gleich dem Quotienten der so gemessenen Zeit und dem Hub des Spannungsmessers. Aus der Stabilitätsbedingung auf Seite 36 läßt sich die notwendige Größe von w leicht berechnen. Tut man dies mit den praktisch vorkommenden Werten der Maschinenkonstanten, so stellt sich heraus, daß der Ausdruck $\frac{g\,w}{k}$ in der Stabilitätsbedingung auf Seite 36 stets sehr viel größer sein muß als der reziproke Wert der Zeitkonstanten der Magnetwicklung $\frac{r}{L}$. Wir können daher $\frac{r}{L}$ neben $\frac{g\,w}{k}$ als Summanden vernachlässigen. Setzen wir ferner die Ungleichförmigkeit $\delta = 0$ und betrachten also, wie der Einfachheit halber erwünscht, einen astatischen Regler, so ergibt sich zur Bestimmung der Größe der Ölbremskonstanten w folgender einfache Ausdruck:

$$w = \sqrt{0{,}6\,\frac{1}{1{,}1 - 0{,}6\,\frac{x_0}{H}}\,\frac{2\,k}{H\,g}\,\frac{b}{E_0}}\,.$$

Es wird sich später herausstellen, daß diese Gleichung für die Ölbremskonstante w zu kleine Werte gibt, wenn man die Relaisverzögerung berücksichtigt.

Die Lösung der Bewegungsgleichung, welche eine lineare Differentialgleichung mit konstanten Koeffizienten ist, lautet bekanntlich:

$$x = C_1\,\varepsilon^{\lambda_1 t} + C_2\,\varepsilon^{\lambda_2 t} + C_3\,\varepsilon^{\lambda_3 t}\,,$$

worin

λ_1, λ_2, λ_3 die Wurzeln der zur Bewegungsgleichung gehörigen charakteristischen Gleichung,

[1]) Sofern ihm der Zittermagnet nicht im Wege ist.

t die Zeit,

ε die Basis des natürlichen Logarithmensystems ($\varepsilon = 2{,}718$),

C_1, C_2, C_3 die Integrationskonstanten

bedeuten.

Da zwischen den einzelnen Veränderlichen unseres Problems und ihren Differentialquotienten lineare Beziehungen bestehen, gilt dieselbe allgemeine Lösung auch für den Verlauf der Spannungsschwankungen, auf welche es ja praktisch allein ankommt. Nur bei der Bestimmung der Konstanten müssen die für die betreffende Größe geltenden Anfangsbedingungen eingeführt werden. Da die gefundene Darstellung für das Verhalten des Reglers wegen der Nichtberücksichtigung der Relaisverzögerung doch kein genaues Abbild des Reguliervorganges gibt, wollen wir die Frage nach der Anpassung der Konstanten an gegebene Anfangsbedingungen verschieben, bis wir die genauere Lösung gefunden haben.

V. Der Einfluß der Relaisverzögerung auf den Reguliervorgang beim Tirrillregler.

Im vorigen Abschnitt wurde das Arbeiten des Tirrillreglers untersucht ohne Berücksichtigung der Verzögerung, welche die Einschaltung der Zwischenrelais mit sich bringt. Wir haben bereits früher gesehen, daß diese Verzögerung die Zitterbewegungen veranlaßt und daher für das ordnungsmäßige Arbeiten die Kontakte unentbehrlich ist. Es erhebt sich nun die Frage, ob dieselbe einen nennenswerten Einfluß auf den Verlauf der Spannungsänderungen ausübt, und ob sie die erreichbare Größe der Reguliergeschwindigkeit in günstigem oder ungünstigem Sinne beeinflußt.

Um für die nachfolgende Untersuchung dieser Aufgabe eine sichere Grundlage zu gewinnen, muß zunächst klargestellt werden, wie der Spannungsmesser unter Berücksichtigung der Periodizität des Arbeitens des Zittermagneten auf die Erregerspannung einwirkt. Wir denken uns dazu den Spannungsmesser vom Netz abgeschaltet und nach Belieben von Hand verstellt. Halten wir ihn zunächst fest, so wird die Erregerspannung dauernd gleichmäßig oszillieren, wenn wir von den kleinen, durch fernliegende Ursachen veranlaßten Unregelmäßigkeiten infolge der Funkenbildung an den Kontakten absehen. Der Mittelwert der Erregerspannung ist dann eindeutig bestimmt. Infolge der großen Reaktanz der Magnetwicklung des Generators wird mit großer Annäherung nur dieser Mittelwert für die Netzspannung maßgebend sein. In Fig. 12 sind diese Oszillationen der Erregerspannung aufgezeichnet und auch ihr Mittelwert eingetragen. Die Oszillationen

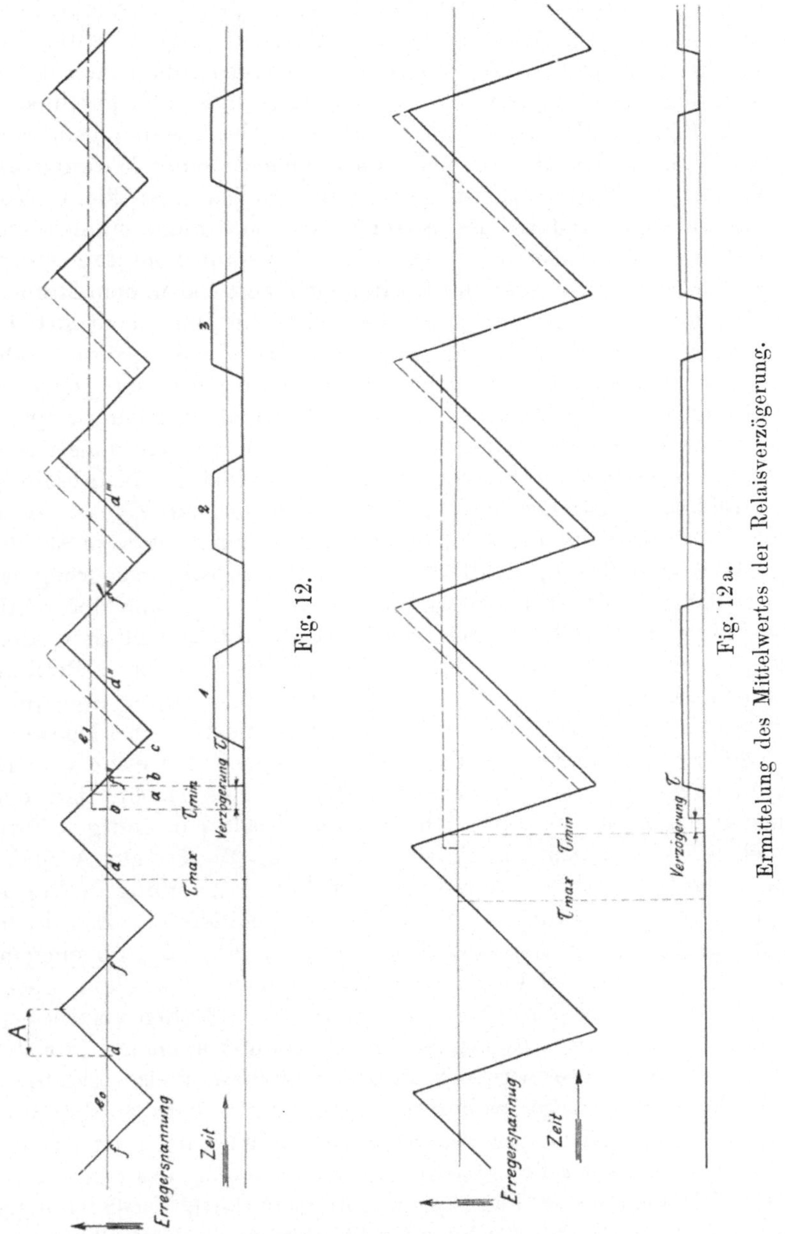

Fig. 12.

Fig. 12a.

Ermittelung des Mittelwertes der Relaisverzögerung.

der Erregerspannung verursachen fortgesetzte und in der Regel geringfügige Schwankungen der Netzspannung. Wir haben schon im dritten Abschnitt gesehen, daß diese Oszillationen hauptsächlich dadurch veranlaßt sind, daß die Zwischenrelais den Hauptkontakten, welche sie steuern, mit Verzögerung nachfolgen. In Fig. 12 entspricht die Strecke A dieser Verzögerungszeit. Verändert man nun kurze Zeit, nachdem die Hauptkontakte sich gerade geöffnet oder geschlossen haben, in Fig. 12 z. B. zur Zeit 0, die Stellung des Spannungsmessers um ein kleines Stückchen, so bleibt dies zunächst ohne Wirkung auf den Verlauf der Erregerspannung. Sofern nämlich diese kleine Veränderung in der Stellung des Spannungsmessers nicht unmittelbar vor oder nach dem Zeitpunkt des Arbeitens der Hauptkontakte erfolgt, wird in dem Steuerstromkreis der Relais angenähert erst in dem Moment eine Veränderung auftreten, in welchem sich die Hauptkontakte bei der vorherigen Stellung des Spannungsmessers erneut geöffnet oder geschlossen hätten. Ist der neuen Stellung des Spannungsmessers der Mittelwert e_1 der Erregerspannung zugeordnet, welcher beispielsweise höher als die vorhergehende e_0 ist, wie in Fig. 12 eingetragen, so werden sich die Hauptkontakte um einen kleinen Zeitabschnitt früher schließen, nämlich statt zur Zeit b schon zur Zeit a; dementsprechend wird die Erregerspannung bereits zur Zeit c zu steigen beginnen, wobei das Intervall c—a gleich der Relaisverzögerung ist Die Oszillationen der Erregerspannung erfolgen jetzt nach der punktierten Linie in derselben Figur, welche sich teilweise mit dem alten Linienzuge überdeckt, nach welchem sie bei unveränderter Stellung des Spannungsmessers verlaufen wäre. In der darunter stehenden Figur ist die Differenz der beiden Linienzüge gebildet. Diese Differenzkurve stellt die Veränderung der Erregerspannung dar, welche von der Verschiebung des Spannungsmessers herrührt. Man sieht, daß eine strenge Behandlung des Verhaltens des Tirrillreglers in stetiger Form unmöglich ist. Wesentlich einfacher wird die zu lösende Aufgabe, wenn wir anstatt der einzelnen Stöße der Erregerspannung in Fig. 12 nur deren mittlere Ordinate in die Recnung einführen. Zu diesem Zwecke denken wir uns in der Differenzkurve Fig. 12 jede einzelne Zacke der Erregerspannung so weit zusammengedrückt und gleich weit nach rechts und links ohne Veränderung der Flächen verschoben, daß sich die einzelnen Zacken zu einem ununterbrochenen Streifen aneinanderreihen. Die Stirn der einzigen auf diese Weise erhaltenen Anschwellung der Erregerspannung liegt nun nicht mehr an der Stirn der ersten ursprünglichen Zacke, sondern etwas nach links verschoben. Sie liegt jedoch noch zeitlich später als die Verstellung des Spannungsmessers. Wie man aus der Fig. 12 sieht, beträgt für kleine Verschiebungen diese Verzögerungszeit, welche vergeht, bis nach Verstellung des Spannungsmessers die Erregerspannung steigt, bei den gezeichneten symmetrischen Oszillationen eine halbe Periode der Zitterfrequenz, wenn die Verstellung des Spannungsmessers zur Zeit d, d′, d″ usw. erfolgt. Dagegen ist gar keine Verzögerung vorhanden, wenn die Verstellung des Spannungsmessers gerade in dem Momente f, f′, f″ usw. stattfindet. Bei genauerer Betrachtung der Figur findet man, daß auch bei etwas größeren Verschiebungen dieselbe Verzögerung eintritt. In Fig. 12a sind dieselben Kurven für den Fall unsymmetrischer Oszillationen aufgezeichnet. Man findet bei Betrachtung dieser Figur, daß die Verzögerungszeit bei den unsymmetrischen Oszillationen unverändert bleibt, obwohl hier die Zitterfrequenz abnimmt; sie ist nämlich auch hier im Mittel gleich der Relaisverzögerung.

Ist die Zeitkonstante der Magnetwicklung des geregelten Generators groß gegen eine Periode der Zitterbewegungen, so werden wir keinen großen Fehler begehen, wenn wir in der Rechnung nur den Mittelwert der Erregerspannung und nicht ihre einzelnen Zacken einführen. Es wird dann nämlich in den Zeitpunkten 1, 2, 3 usw. in Fig. 12 die wirkliche Erhöhung der Netzspannung mit großer Annäherung derjenigen Erhöhung entsprechen, welche sich aus der vereinfachten Darstellung ergibt. Denn entwickelt man von dem Zeitpunkte f″ an die Zacken der Erregerspannung in eine Fouriersche Reihe nach Bruchteilen der Dauer einer Erzitterung, so ist das erste konstante Glied dieser Reihe das nach der angenommenen Vereinfachung von uns allein berücksichtigte. Das zweite Glied ist eine harmonische Schwingung von der Zitterfrequenz, die in der Regel 5 pro Sek. beträgt. Für diese Frequenz ist nun der Wechselstromwiderstand der Erregerwicklung eines Generators bereits sehr hoch und ein Vielfaches ihrer Resistanz, so daß wir nur einen unbedeutenden Fehler machen, wenn wir für die höheren Harmonischen der Reihe die Resistanz gleich Null setzen. Unter dieser Vernachlässigung hängt nun die Generatorspannungserhöhung nur von dem Zeitintegral der Erregerspannung ab. Zu den Zeitpunkten 1, 2, 3 usw. ist nun das Zeitintegral der ersten und der höheren Harmonischen, erstreckt von dem Moment f bis 1, 2, 3 usw., gleich Null, da ja die entwickelte Kurve zu diesen Punkten symmetrisch verläuft. Mithin gibt bereits das allein berücksichtigte konstante Glied der Reihe an diesen Punkten den richtigen Wert der Netzspannung. Zu den anderen zwischenliegenden Zeitpunkten liegt die Netzspannung um geringe Beträge über und unter dem Werte, welchen das allein berücksichtigte erste Glied der Entwicklung gibt. Diese raschen Oszillationen werden nun auf den Spannungsmesser, auch wenn er nicht stark gedämpft ist, nicht merklich zurückwirken, da er viel zu träge ist, um so schnellen Schwingungen folgen zu können.

Soll sich nun bei Berücksichtigung nur des ersten Gliedes unserer harmonischen Entwicklung der Erregerspannung eine zuverlässige Darstellung der Reglerbewegung ergeben, so müssen die Bewegungen oder Schwingungen des Reglers so langsam erfolgen, daß auf eine seiner Schwingungen viele der genannten Erzitterungen entfallen. Denn nur dann kann man annehmen, daß die Einwirkung dieser Oszillationen auf den Spannungsmesser sich im allgemeinen aufhebt und für den Bewegungsvorgang unwesentlich ist.

Die Gesamtoszillationen der Erregerspannung (siehe Fig. 12) lassen sich in derselben Weise, wie für die Differenzkurve geschehen, in Harmonische spalten. Sie werden infolge der Größe der Zeitkonstanten der Erregerwicklung einmal nur geringe Schwankungen der Netzspannung zur Folge haben und ferner wegen der Trägheit des Spannungsmessers keine merkliche Bewegung desselben hervorrufen. Nur bei einem stark mit Federn belasteten Spannungsmesser könnte eine nennenswerte Rückwirkung der Oszillationen der Netzspannung auf denselben eintreten. Wir können daher von der Untersuchung dieser Frage überhaupt absehen.

Im folgenden werden wir also alle vorübergehenden Oszillationen der Erregerspannung vernachlässigen und nur ihren nach Fig. 12 gebildeten Mittelwert berücksichtigen, welcher, wie früher erklärt wurde, mit einer Verzögerung, die bei symmetrischen Oszillationen im Mittel gleich $\frac{1}{4}$ der Dauer einer Erzitterung ist, den Verschiebungen des Spannungsmessers nachfolgt. Entfallen nun auf eine Schwingung des Reglers viele Oszillationen der Erregerspannung, so kann man den algebraischen Mittelwert der möglichen größten und kleinsten Verzögerung als mittlere Verzögerung einführen, da die wirklich in jedem einzelnen Falle eintretende Verzögerung vom Zufalle abhängt und kein Wert der Verzögerung einen Vorrang vor einem anderen hat. Wir werden daher annehmen, daß im Mittel die Erregerspannung der Verschiebung des Spannungsmessers um ein Zeitintervall, welches bei symmetrischen Erzitterungen $\frac{1}{4}$ der Periodendauer derselben und allgemein ebensoviel als die Relaisverzögerung beträgt, nachhinkt. In der ursprünglichen Darstellung des vierten Abschnittes war die Verzögerung überhaupt nicht berücksichtigt. Diese Vernachlässigung bedingt, daß der einer Verschiebung des Spannungsmessers folgende Verlauf der Erregerspannung nicht einmal seinem Mittelwerte nach richtig dargestellt wird. Wenn wir im folgenden das Verhalten des Tirrillreglers unter Berücksichtigung der Relaisverzögerung untersuchen, so müssen wir dabei im Auge behalten, daß diese Annahme der konstanten Verzögerungszeit nur dann eine einigermaßen naturgetreue Beschreibung des Reguliervorganges geben kann, wenn auf eine Schwingung des Reglers viele Oszillationen der Erregerspannung entfallen.

Die Gleichung 2) auf Seite 34 stellte die Abhängigkeit der Erregerspannung von der augenblicklichen Stellung x des Spannungsmessers dar. Nunmehr soll die jeweilige Größe der Erregerspannung bestimmt sein durch diejenige Stellung des Spannungsmessers x, welche er τ Sekunden vorher innehatte. Verstehen wir unter $x_{t-\tau}$ den Wert von x zur Zeit $t-\tau$, so ist Gleichung 2) jetzt zu schreiben:

$$e = e_m \left(1{,}1 - 0{,}6 \frac{x_{t-\tau}}{H}\right).$$

Die vollständige Gleichung für die Reglerbewegung lautet dann, wie aus der Ableitung auf Seite 35 und 36 zu entnehmen ist:

$$x''' + x''\left(\frac{r}{L} + \frac{g\,w}{k}\right) + x'\left(\frac{r\,w\,g}{k\,L} + \delta\frac{2\,g}{k\,H}\right) + x\frac{r}{L}\frac{2\,g}{k\,H}\delta$$
$$+ x_{t-\tau}\,0{,}6\frac{1}{1{,}1 - 0{,}6\frac{x_0}{H}}\frac{2\,g}{H\,k}\frac{r\,b}{L\,E_0} = 0$$

x ist darin von der Gleichgewichtslage x_0 an zu zählen.

Die Lösung dieser Gleichung ist:

$$x = \sum_1^\infty C_n\,\varepsilon^{\lambda_n t}$$

worin λ_n die unendlich vielen Wurzeln der transzendenten Gleichung:

$$\lambda^3 + \lambda^2\left(\frac{r}{L} + \frac{g\,w}{k}\right) + \lambda\left(\frac{r\,w\,g}{k\,L} + \delta\frac{2\,g}{k\,H}\right) + \frac{r}{L}\frac{2\,g}{k\,H}\delta$$
$$+ \varepsilon^{-\lambda\tau}\cdot 0{,}6\frac{1}{1{,}1 - 0{,}6\frac{x_0}{H}}\frac{2\,g}{H\,k}\frac{r\,b}{L\,E_0} = 0$$

sind und ε die Basis des natürlichen Logarithmensystems bedeutet.

Daß die Lösung dieser Gleichung so vielgestaltig ist, ist nicht zu verwundern. Betrachten wir nämlich die Bewegung des Reglers von einem bestimmten Zeitpunkte ab, so hängt der Verlauf der Reglerbewegung nicht etwa bloß von dem momentanen Werte von x, x′ und x″, sondern auch noch von dem Verlauf von x in einem vorhergehenden Zeitintervall von der Dauer der Verzögerungszeit τ, also insgesamt von unendlich vielen Einzelwerten von x, ab. Um die Lösung diesen unendlich vielen Anfangsbedingungen anzupassen, sind die unendlich vielen Konstanten C_n erforderlich und ausreichend. Die Reglerbewegung erscheint dann als unendliche Reihe gedämpfter oder ungedämpfter Schwingungen oder aperiodischer Bewegungsformen. Die Frequenzen der einzelnen Schwingungen stehen jedoch zueinander nicht in ganzzahligen Verhältnissen; es handelt sich also nicht um eine harmonische Reihe.

Die nähere Untersuchung der Bedingungsgleichung für die Werte von λ führt zu dem Ergebnis, daß in den praktisch vorkommenden

Fällen nur die beiden kleinsten Wurzeln λ ungedämpfte Schwingungen darstellen können. Die größeren Wurzeln haben stets negative reelle Anteile, wie man bei der Prüfung stets findet.

Um die Gleichung näher zu untersuchen, benutzt man folgenden Satz von Cauchy[1]):

Irgendeine analytische Funktion $f(z) = f(x + iy) = P(x, y) + iQ(x, y)$ hat im Inneren einer beliebigen in der z-Ebene gezogenen geschlossenen Kurve $\frac{1}{2}(\alpha - \beta)$ Wurzeln, wenn beim Umfahren der Kontur dieses Gebietes der Quotient $\frac{P(x, y)}{Q(x, y)}$, $\alpha + \beta$ mal durch Null hindurchgeht und dabei sein Vorzeichen wechselt, und zwar α mal von positiven zu negativen Werten und β mal von negativen zu positiven. Dabei ist positiver Umlaufsinn von der positiven x-Achse zur positiven y Achse vorausgesetzt.

Wir wenden diesen Satz auf ein Gebiet der z-Ebene an, welches einerseits von der i y-Achse, von $y = -r$ bis $y = +r$, andererseits von dem Halbkreis um den Nullpunkt begrenzt wird, dessen Radius gleich r ist, und der zu positiven Werten x gehört.

Unsere Gleichung hat verallgemeinert die Form

$$\varepsilon^{-z} + a z^3 + b z^2 + c z = P + i Q.$$

Setzen wir in dieser Gleichung

$$z = r e^{i\varphi}$$

ein und trennen die reellen Teile P von den imaginären i Q, so ergibt sich

$$P = \varepsilon^{-r\cos\varphi} \cos r(r \sin\varphi) + a r^3 \cos 3\varphi + b r^2 \cos 2\varphi + c r \cos\varphi$$
$$Q = -\varepsilon^{-r\cos\varphi} \sin(r \sin\varphi) + a r^3 \sin 3\varphi + b r^2 \sin 2\varphi + c r \sin\varphi.$$

Für sehr große Werte des Radius r kann man, sofern $\cos\varphi$ positiv ist, also für die betrachtete Halbkreisfläche, die niederen Potenzen von r gegen die höchste (r^3) vernachlässigen und erhält für den Quotienten $\frac{P}{Q}$:

$$\frac{P}{Q} = \frac{a r^3 \cos 3\varphi}{a r^3 \sin 3\varphi} = \operatorname{ctg} 3\varphi .$$

Geht man auf dem betrachteten Halbkreise von dem einen Endpunkte des Kreisbogens, dem $y = -r$ entspricht, zu dem anderen Endpunkte, wo $y = +r$ wird, so ändert sich der Wert von φ von $-\frac{\pi}{2}$ bis $+\frac{\pi}{2}$; die Funktion $\operatorname{ctg} 3\varphi$ ist für $\varphi = -\frac{\pi}{2}$ gleich Null, wird mit wachsendem φ negativ, geht unterwegs zweimal von positiven Werten

[1]) Den Hinweis auf diesen Satz verdanke ich Herrn Dr. L. Föppl in Göttingen.

durch Null zu negativen über und nähert sich am Ende des Halbkreises wieder von positiven Werten dem Werte Null. Es ist also auf diesem Stück des Weges $\alpha = 2$ und $\beta = 0$ zu setzen. Sollen innerhalb des betrachteten Gebietes keine Wurzeln liegen, so muß auf dem Wege längs der y-Achse von $y = +r$ bis $y = -r$, $(\beta - \alpha)$ gleich 2 sein. Um dies zu prüfen, braucht man die durch Einführung der Konstanten spezialisierte Gleichung für P und Q.

Für den später genau untersuchten Generator und Regler lautet die charakteristische Gleichung des Reglers für die Ölbremskonstante $w = 0,1$ (siehe Seite 62):

$$\lambda^3 + 755,5\,\lambda^2 + 350\,\lambda + 772\,\varepsilon^{-\lambda/21,5} = P + i\,Q.$$

Für P und Q erhält man daraus, indem man λ gleich $x + i y$ setzt,

$$P = x^3 - 3\,x\,y^2 + (x^2 - y^2)\,755,5 + x\,350 + 772\,\varepsilon^{-x/21,5}\cos\frac{y}{21,5}$$

$$Q = 3\,x^2 y - y^3 + 2\,x\,y\;755,5 + y\,350 - 772\,\varepsilon^{-x/21,5}\sin\frac{y}{21,5}.$$

Für den Weg auf der y-Achse ist x gleich Null zu setzen; man erhält also

$$P = -y^2\,755,5 + 772\cos\frac{y}{21,5},$$

$$Q = -y^3 + y\,350 - 772\sin\frac{y}{21,5}.$$

Die Werte von P und Q und von $\frac{P}{Q}$ als Funktion von y sind in Fig. 13 aufgetragen. $\frac{P}{Q}$ ist für $y = +r$, sofern r genügend groß gewählt wird, angenähert gleich Null, wird dann beim Fortschreiten auf der y-Achse zum Nullpunkte hin positiv, geht in der Nähe des Nullpunktes zweimal von negativen Werten durch Null zu positiven über und erreicht, wenn man sich der Grenze $y = -r$ nähert, von positiven Werten aus den Wert Null. Es ist demnach auf dem Weg längs der y-Achse $\beta = 2$ und $\alpha = 0$.

Für den Umlauf um das gesamte durch den Halbkreis und die y-Achse eingeschlossene Gebiet der positiven x-Ebene ist also $\alpha - \beta = 0$, woraus hervorgeht, daß in diesem Falle keine endlichen Werte der Wurzeln mit positivem reellen Anteil und keine ungedämpften Reglerschwingungen vorhanden sind. Auf unendliche Werte der Wurzeln kann man diese Betrachtung nicht ohne weiteres ausdehnen, da für r gleich Unendlich die Funktion $\varepsilon^{-z} + a\,z^3 + b\,z^2 + c\,z$ keine analytische mehr ist.

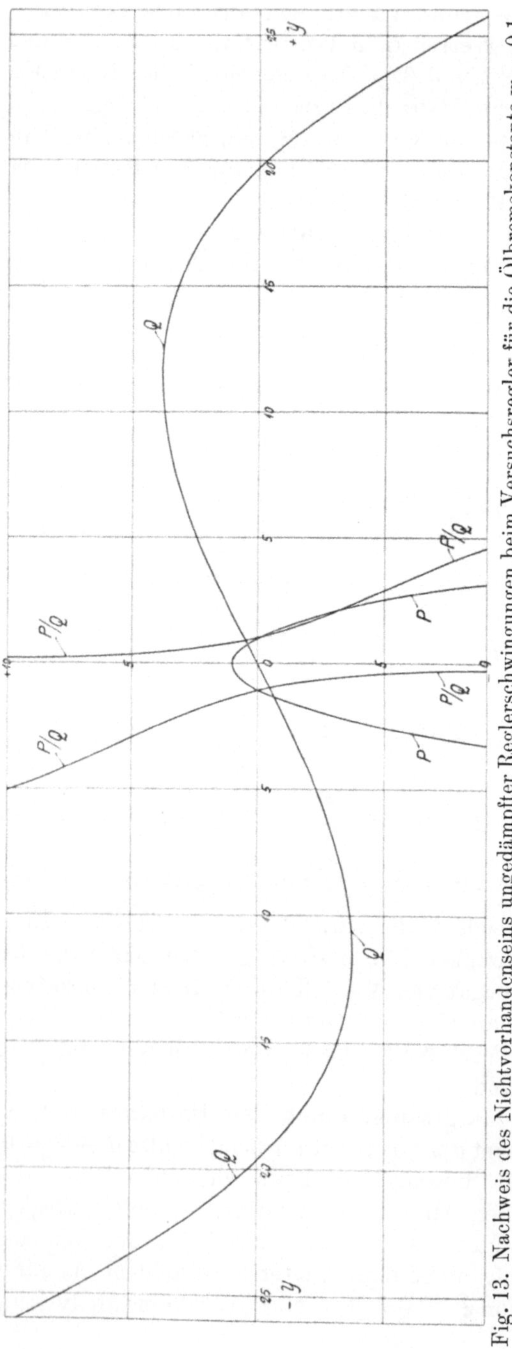

Fig. 13. Nachweis des Nichtvorhandenseins ungedämpfter Reglerschwingungen beim Versuchsregler für die Ölbremskonstante w = 0,1.

Für den Halbkreis, welcher symmetrisch zu dem vorhin betrachteten in bezug auf die y-Achse liegt, ist die Funktion $\frac{P}{Q}$ für große Werte von r näherungsweise zu ersetzen durch

$$\frac{P}{Q} = -\operatorname{ctg}(r \sin \varphi)\,.$$

Wenn man auf der Peripherie dieses Halbkreises wandert, so ändert hier $\frac{P}{Q}$, da r groß ist, sehr oft sein Zeichen im gleichen Sinn. In dieser Halbebene liegen daher sehr viele Wurzeln der Gleichung für λ.

Wenn die Verzögerungszeit τ klein ist, fallen die Wurzeln außer den zwei ersten sehr groß aus und können daher, einzeln betrachtet, keine praktische Bedeutung haben. Denn bei so schnellen Bewegungen, welche den großen Werten dieser Wurzeln entsprechen, gelten die Betrachtungen nicht mehr, welche zur Aufstellung der Bewegungsgleichung führten. Bei sehr schnellen Bewegungen würden sekundäre Eigenschaften des Reglers, z. B. die Durchbiegung der Hebel und die Unregelmäßigkeiten der Funkenbildung an den Kontakten so stark hervortreten, daß die früher abgeleiteten Gleichungen ungültig wären. Um so mehr gilt dies von den etwa noch möglichen unendlich schnellen Schwingungen, deren gedämpften Verlauf wir vorhin nicht erweisen konnten. Es ist daher zwecklos, diesen sehr schnellen Schwingungen einzeln mathematisch nachzugehen.

Nicht das gleiche kann man von einer Übereinanderlagerung vieler solcher Schwingungen behaupten. Es wurde schon früher darauf hingewiesen, daß man mit den zwei kleinen Wurzelwerten ohne Benutzung der größeren keine vollständig richtige Darstellung der an allgemeine Anfangsbedingungen angepaßten Reglerbewegung erhalten kann, sondern daß man dazu eine unendliche Reihe von Gliedern braucht, welche sich aus den unendlich vielen Wurzeln der transzendenten Bedingungsgleichung für λ zusammenstellen läßt. Die Anpassung an gegebene Anfangsbedingungen erfordert die richtige Darstellung z. B. der Generatorspannung innerhalb der Verzögerungszeit, da ja innerhalb dieser Zeit der Verlauf der Spannung durch die vorhergehenden Schicksale des Reglers bereits bestimmt ist. Hat man n Wurzeln λ gefunden, so kann man zur Zeit $t = 0$ dem Momentanwert und dem ersten bis zum $(n-1)$ten Differentialquotienten der Generatorspannung den vorgeschriebenen Wert geben, d. h. n konsekutive Punkte der gegebenen Kurve des Spannungsverlaufes richtig darstellen. Streng genommen müßte man den Spannungsverlauf innerhalb der Verzögerungszeit, d. h. für unendlich viele konsekutive Punkte richtig wiedergeben. Der durch Weglassung der höheren Glieder gemachte Fehler ist ebenso groß als der Unterschied des wirklichen Spannungsverlaufes innerhalb der Verzögerungszeit und seiner vereinfachten Wiedergabe.

Wenn die Verzögerungszeit im Verhältnis zur Dauer einer Reglerschwingung klein ist, wie beim Tirrillregler, so sind in der Regel nur zwei Wurzeln λ leicht zu finden. Die übrigen Wurzeln sind sehr groß und daher schwer bestimmbar. Bei der Kürze der Verzögerungszeit gibt aber die Berücksichtigung dieser zwei Wurzeln allein schon eine sehr genaue Darstellung der Reglerbewegung. Denn bei der Bestimmung der Konstanten beispielsweise für die aus drei Wurzeln aufgebaute Bewegungsgleichung findet man, wenn die eine Wurzel sehr groß ist, daß bei nicht zu großen Werten der gegebenen Differentialquotienten x', x'' der Koeffizient des dritten Gliedes, welches die große Wurzel enthält, sehr klein ausfällt.

Man kann sich auch durch eine anschauliche Überlegung davon überzeugen, daß es berechtigt ist, nur die zwei ersten, kleinen Wurzeln zu berücksichtigen. Bildet man die Differenz der gegebenen Kurve z. B. der Generatorspannung und der vereinfachten Wiedergabe derselben durch nur zwei Glieder, so verbleibt ein Rest, dessen zeitliche Ausdehnung von der Größenordnung der Verzögerungszeit ist. Dieser Rest wäre angenähert durch eine Reglerschwingung darzustellen, deren Periodendauer der Verzögerungszeit entspricht. Auch aus der Gleichung für λ (siehe Seite 45) kann man entnehmen, daß diese schnellen Reglerschwingungen höchstens etwa die soeben angegebene Dauer haben können. Versucht man nun, ähnlich wie im folgenden Abschnitt für die langsamen Schwingungen des Reglers angegeben, ein Vektordiagramm für die schnellen Schwingungen zu konstruieren, so findet man, daß zur Aufrechterhaltung derselben dem Regler eine große Leistung zugeführt werden müßte, da ja die Bremskraft der Ölbremse bei diesen schnellen Bewegungen sehr groß ist. Daraus kann man schließen, daß die gedachten schnellen Schwingungen sehr stark gedämpft verlaufen müssen. Man braucht sie daher überhaupt nicht zu berücksichtigen.

Die Lösung der Reglerbewegungsgleichung ist aus diesem Grunde mit genügender Annäherung die folgende:

$$x = C_1 \varepsilon^{\lambda_1 t} + C_2 \varepsilon^{\lambda_2 t}.$$

Die beiden Konstanten C dienen hier dazu, den Momentanwert und den ersten Differentialquotienten von x den Anfangsbedingungen anzupassen.

Will man nicht den Verlauf der mechanischen Bewegung des Reglers, sondern der Generatorspannung oder auch der Erregerspannung ermitteln, so gilt hierfür die gleiche allgemeine Lösung, da diese drei Größen und ihre Ableitungen linear voneinander abhängen. Nur bei der Bestimmung der Konstanten muß man die für die betreffende Größe gültigen Anfangsbedingungen berücksichtigen.

VI. Prüfung der Theorie an einem Beispiel.

1. Berechnung der Konstanten des Versuchsgenerators.

Das Verhalten eines Tirrillreglers in der Ausführung der Allgemeinen Elektrizitäts-Gesellschaft in Berlin wurde an einem größeren Drehstromgenerator experimentell geprüft. Zur Erläuterung der in den vorhergehenden Abschnitten abgeleiteten Theorie des Tirrillreglers wird im nachfolgenden sein Verhalten für den untersuchten Generator genau berechnet und das Resultat der Rechnung mit den aufgenommenen Regulierdiagrammen verglichen.

Die Hauptdaten des Generators sind:

Leistung . . . . 700 KVA.
Umlaufzahl . . . . . . 250 pro Min.

Spannung . . . . 6000 bis 6600 Volt.
Frequenz . . . . 50 Per.
Polzahl . . . . 24.
Ankerwicklung . . . . . Im Stern geschaltet, 288 Windungen pro Phase, 12 Leiter pro Nut, 2 Nuten pro Pol und Phase, Serienschaltung (a = 1).
Erregerwicklung . . . . 84 Windungen pro Pol, Widerstand bei 15^0 24mal 0,0375 Ohm.
Polbedeckungsfaktor . . ca. 0,66.

Die Generatorspannung betrug bei den Versuchen im Gleichgewichtszustande des Reglers etwa 6250 Volt; rechnet man 2 % für den gesamten Spannungsabfall, so ergibt sich als Phasenspannung 3700 Volt.

Bezeichnet man mit K den Kappschen Koeffizienten, so ist die Kraftlinienzahl Z_0 eines Poles im Gleichgewichtszustande

$$Z_0 = \frac{\text{Phasenspannung} \cdot 10^8}{\text{K} \cdot \text{doppelter Windungszahl} \cdot \text{Frequenz}}$$

(für a = 1)

$$= \frac{3700 \cdot 10^8}{2{,}25 \cdot 2 \cdot 288 \cdot 50} = 5{,}7 \cdot 10^6.$$

Der Wert der mittleren Zeitkonstanten $\frac{L}{r}\frac{E_0}{b}$ (siehe Seite 33) der Magnetwicklung ist daher

$$\frac{L}{r}\frac{E_0}{b} = \frac{\text{Kraftlinienzahl eines Poles} \cdot \text{Windungszahl} \cdot \text{Polzahl} \cdot 10^{-8}}{\text{Erregerstrom} \cdot \text{Erregerwiderstand (= Erregerspannung)}}.$$

Die Erregerspannung betrug bei den Versuchen im Gleichgewichtszustande etwa 62 Volt, die größtmögliche Erregerspannung, welche die direkt gekuppelte Erregermaschine liefern konnte, war etwa 110 Volt. Setzen wir in die Gleichung für die mittlere Zeitkonstante 62 Volt als Erregerspannung im Gleichgewichtszustande des Reglers ein, so ergibt sich:

$$\frac{L}{r}\frac{E_0}{b} = \frac{5{,}7 \cdot 10^6 \cdot 84 \cdot 24 \cdot 10^{-8}}{62} = 1{,}8 \text{ Sekunden.}$$

Rechnet man 20 % für den Streufluß, so erhält man als mittlere Zeitkonstante etwa 2,2 Sekunden.

Hierzu kommt noch ein Zuschlag für den Einfluß der Wirbelströme in den Polkernen und in dem Magnetgestell, den man nur durch Vergleich mit ähnlichen Maschinen einigermaßen richtig treffen kann.

Im II. Abschnitt vorliegender Arbeit (vgl. Seite 18) haben wir gesehen, daß man aus Versuchskurven, welche die Maschinenspannung und die Erregerspannung als Funktion der Zeit darstellen, die Zeitkonstante des Erregerkreises einschließlich des Zuschlags für den Einfluß der Wirbelströme ableiten kann. Wie schon dort erklärt wurde, rechnet man zweckmäßigerweise mit einer fingierten Erregerwicklung, deren Konstanten so gewählt sind, daß sie die wirkliche Erregerwicklung, welche ja mit Wirbelstrombahnen magnetisch verkettet ist, ersetzen kann, ohne daß man bei dieser fingierten Erregerwicklung auf die Wirbelströme achten müßte. Schreibt man ferner noch dieser Ersatzwicklung denselben Widerstand r wie der wirklichen zu, so erscheint in der Rechnung als Erregerstrom die Summe des wirklichen

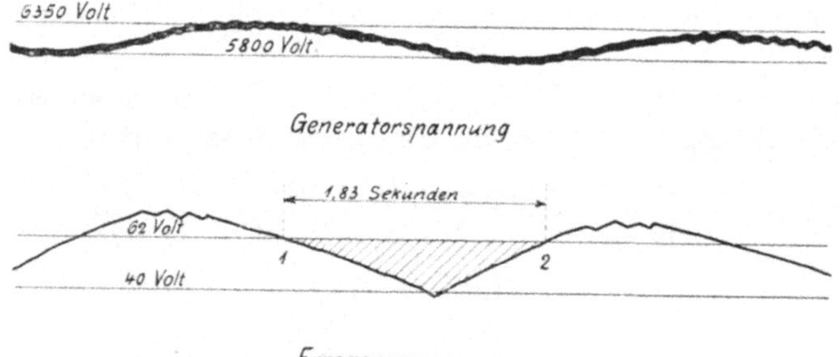

Fig. 14. Berechnung der Zeitkonstanten des Erregerkreises beim Versuchsgenerator aus einem Versuchsdiagramm.

Erregerstromes und der auf der Erregerwicklung reduzierten Wirbelströme. Dann ist die Maschinenspannung nur eine Funktion des Momentanwertes des fingierten Erregerstromes, ohne von dessen vorhergehendem Verhalten abhängig zu sein. In der angedeuteten Weise läßt sich nun aus dem Versuchsdiagramm Fig. 21, welches große Pendelungen des Reglers wiedergibt, die Zeitkonstante der Magnetwicklung bestimmen. In Fig. 14 ist eine Welle aus diesem Diagramm in vergrößertem Maßstabe herausgezeichnet und mit den nötigen Hilfslinien versehen.

Die Netzspannung schwankt in diesem Diagramm zwischen 6520 und 5800 Volt oder um 11,7 %. Die Dauer einer halben Schwingung beträgt dabei 1,83 Sekunden. Das Minimum und Maximum der Generatorspannung wird in Fig. 13 in den mit 1 und 2 bezeichneten Augenblicken erreicht. Aus dem nachfolgenden künstlich durch Beeinflussung des Reglers von Hand herbeigeführten Gleichgewichtszustande entnimmt man als den Beharrungswert der Erregerspannung und der Generatorspannung 62 bzw. 6250 Volt. Trägt man die 62-Volt-Linie in das Diagramm der Erregerspannung ein, wie in Fig. 13 ausgeführt, so ergibt sich aus dem Abstand dieser Linie von dem Momentanwerte der Erregerspannung die EMK der Selbstinduktion in der Magnetwicklung, während der Rest von 62 Volt zur Deckung des Ohmschen Spannungsverlustes in derselben dient. Die schraffierte, annähernd dreieckförmige Fläche gibt dementsprechend das Zeitintegral der EMK der Selbstinduktion während der Dauer einer halben Schwingung an. Genau genommen hat der Ohmsche Spannungverlust ebenfalls eine nach einer Sinuskurve von allerdings kleiner Amplitude verlaufende Komponente. Da aber diese Sinuskurve in der Mitte zwischen 1 und 2 (siehe Fig. 14) durch Null geht, macht man überhaupt keinen Fehler, wenn man hier dieselbe nicht berücksichtigt. Der Flächeninhalt des schraffierten Dreiecks, also das Zeitintegral der EMK der Selbstinduktion während einer halben Schwingung, beträgt:

$$11 \cdot 1{,}83 = 20{,}15 \text{ Voltsekunden}$$

und das Verhältnis dieser Fläche zum mittleren Wert der Erregerspannung

$$\frac{20{,}15}{62} = 32{,}5 \text{ Prozentsekunden.}$$

Bezeichnet man bei der oben definierten, fingierten Erregerwicklung mit:

$\int_1^2 e_s\,dt$ das soeben berechnete Zeitintegral der EMK der Selbstinduktion in der Magnetwicklung, erstreckt über die Zeit von 1 bis 2,

L die Induktanz des Erregerkreises (siehe auch Seite 33 ff.),

$\frac{b}{E_0}$ eine Größe, welche von der Krümmung der Charakteristik abhängt, und deren Bedeutung aus Fig. 11 zu entnehmen ist; dabei bedeutet E_0 die Generatorspannung im Gleichgewichtszustande und ist gleich der Summe der Größe a und b in Fig. 11,

i_0 den Erregerstrom im Beharrungszustande,

i_1 und i_2 den Erregerstrom in den Zeitpunkten 1 und 2,

r den Widerstand des Erregerkreises,

E die Generatorspannung,

so ergibt sich

$$\int_1^2 e_s\,dt = \int_1^2 i'\,L\,dt = (i_2 - i_1)\,L\,.$$

Aus Fig. 11 sieht man, daß

$$\frac{i_2 = i_1}{i_0} = \frac{E_2 - E_1}{E_0}\,\frac{E_0}{b}\,.$$

Durch Einsetzen in die vorhergehende Gleichung erhält man:

$$\int_1^2 \frac{e_s}{i_0 r} dt = \frac{E_2 - E_1}{E_0} \frac{L}{r} \frac{E_0}{b},$$

worin $\frac{L}{r} \frac{E_0}{b}$ der Wert der mittleren Zeitkonstanten des Erregerkreises ist. Wir hatten den Wert von $\int_1^2 \frac{e_s}{i_0 r} dt$ zu 32,5 Prozentsekunden gefunden, während $\frac{E_2 - E_1}{E_0}$ 11,7 % betrug. Es ist daher

$$\frac{L}{r} \frac{E_0}{b} = \frac{32,5}{11,7} = 2,8 \text{ Sekunden.}$$

Der Einfluß der Wirbelströme vergrößert hier in dem im zweiten Abschnitt erklärten Sinne die Zeitkonstante auf das $\frac{2,8}{2,2}$ = ca. **1,3fache,** falls die oben gemachte Annahme über die Größe des Streuflusses zutrifft.

Den Wert von $\frac{E_0}{b}$ erhält man durch Vergleich von zwei verschiedenen Beharrungszuständen von Generator- und Erregerspannung. Beispielsweise gehören zu der Generatorspannung

6250 Volt als Erregerspannung im Beharrungszustand 62 Volt,
5220 Volt „ „ „ „ 48,5 Volt.

Daraus ergibt sich:

$$\frac{E_0}{b} = \frac{\frac{62 - 48,5}{62}}{\frac{6250 - 5220}{6250}} = 1,3.$$

Der Hub des Spannungsmessers an dem untersuchten Tirrillregler betrug etwa 7 mm. Die Größe des Korrektionsfaktors k, welcher die reduzierte Masse des Hebels am Spannungsmesser wiedergibt, war schätzungsweise 1,3. Der Spannungsmesser war im übrigen angenähert astatisch; die Ungleichförmigkeit δ ist also gleich Null zu setzen.

Die Zitterfrequenz des untersuchten Reglers war bei den Versuchen etwa 5,4 pro Sekunde; dabei war die Form der Oszillationen der Erregerspannung angenähert symmetrisch, wie in Fig. 12 schematisch dargestellt. Die Relaisverzögerung τ beträgt daher ¼ der Dauer einer Erzitterung oder $\frac{1}{21,5}$ Sekunden.

Der Ausdruck $\frac{1}{1{,}1 - \frac{x_0}{H}}$ in der Reglerbewegungsgleichung auf Seite 36 stellt das Verhältnis der größtmöglichen Erregerspannung zu der Erregerspannung im Gleichgewichtszustande dar. Bei dem untersuchten Regler waren diese Spannungen 110 und 62 Volt; daher ist der Wert obigen Ausdruckes gleich

$$\frac{110}{62} = \frac{1}{0{,}6}.$$

Wir wollen das Verhalten des Reglers für verschiedene Einstellungen der Ölbremse untersuchen. Wenn man die oben gefundenen Werte der Maschinen- und Reglerkonstanten in die Grundgleichung auf Seite 45 einführt und nur noch die Konstante w der Ölbremse unbestimmt läßt, erhält man die Gleichung:

$$x''' + x''\{w\,7550 + 0{,}47\} + x'\,w\,3510 + x_{\left(t - \frac{1}{21{,}5}\right)}\,772 = 0.$$

Die allgemeine Lösung dieser Gleichung, d. h. die noch nicht durch Einführung der Anfangsbedingungen spezialisierte, kann, wie auf Seite 50 auseinandergesetzt wurde, sowohl zur Darstellung der mechanischen Bewegung des Reglers als auch zur Bestimmung des Verlaufs von Generator und Erregerspannung dienen.

2. Die ungedämpften Schwingungen des Tirrillreglers.

Es ist von vornherein zu erwarten, daß bei einer bestimmten Einstellung der Ölbremse ungedämpfte Schwingungen des Reglers, d. h. solche mit gleichbleibender Amplitude möglich sind. Um die Frequenz derselben und die dazu gehörende Stärke der Ölbremse zu finden, setzen wir in die vorhin abgeleitete Gleichung für den untersuchten Regler ein $x = e^{i\nu t}$, wobei ν eine reelle Größe bedeutet.

Durch Trennung der reellen und imaginären Teile erhält man hieraus die beiden Gleichungen:

$$-\nu^3 + \nu\,w\,3510 - 772 \sin\frac{\nu}{21{,}5} = 0,$$

$$-\nu^2 (w\,7550 + 0{,}47) + 772 \cos\frac{\nu}{21{,}5} = 0.$$

Daraus ergibt sich durch Elimination der Konstanten der Ölbremse w für ν die Gleichung:

$$-\nu^4\,7550 - \nu^2\,1650 - \nu\,5\,830\,000 \sin\frac{\nu}{21{,}5} + 2\,710\,000 \cos\frac{\nu}{21{,}5} = 0.$$

Durch Probieren findet man die Lösung

$$\nu = 2{,}85.$$

Die Zeitdauer einer vollen Schwingung ist also $\frac{2\pi}{2{,}85} = 2{,}2$ Sekunden.

Setzt man $\tau = 0$ und betrachtet also einen ohne Verzögerung arbeitenden Regler, so erhält man aus derselben Gleichung

$$\nu = 4{,}35.$$

Die Frequenz der ungedämpften Reglerschwingungen wird also durch die Relaisverzögerung sehr stark verkleinert.

Um die zugehörige Einstellung der Ölbremse zu finden, löst man die Gleichung 1) nach w auf:

$$w = \frac{772 \sin \frac{\nu}{21{,}5} + \nu^3}{\nu\, 3510}$$

durch Einsetzen des für ν gefundenen Wertes $\nu = 2{,}85$ ergibt sich

$$w = \frac{772 \sin \frac{2{,}85}{21{,}5} + 2{,}85^3}{2{,}85 \cdot 3510}$$

oder angenähert

$$w = \frac{\frac{772}{21{,}5} + 2{,}85^2}{3510} = 0{,}0125\,.$$

Den Hub von 7 mm würde also der Spannungsmesser nach plötzlichem Abschalten vom Netz in $0{,}0125 \cdot 7 =$ ca. $^1/_{10}$ Sekunde zurücklegen, wenn man den Einfluß seiner Masse außer acht läßt.

Bei Nichtberücksichtigung der Relaisverzögerung würde man auf demselben Wege als den Wert der Ölbremskonstanten finden

$$w = 0{,}0054.$$

Die Verzögerung bedingt also hier eine erhebliche Verstärkung der Ölbremse.

Die ungedämpften Reglerschwingungen wurden experimentell aufgenommen. Fig. 15 zeigt das Diagramm, auf welchem der Verlauf der Netzspannung und der Erregerspannung verzeichnet ist. Die Frequenz der Pendelungen stimmt mit der Berechnung vollständig überein. Dieser Versuch beweist, daß die Einführung der „mittleren“ Verzögerung in der früher auseinandergesetzten Weise berechtigt ist; bei Außerachtlassung der Verzögerung wäre eine hinreichende Erklärung so langsamer ungedämpfter Reglerschwingungen nicht zu geben. Der Generator war während der Versuche fast nur mit dem Leerlaufstrom von Transformatoren und eines Hochspannungsnetzes belastet. Die abgegebene Leistung betrug nur etwa 60 KW. Daher kann man die Ursache der beobachteten Schwingungen nicht in dem Pendeln angeschlossener Motoren suchen. Die Umlaufgeschwindigkeit des Generators wurde von einem zu diesem Zwecke angebrachten hydraulischen Geschwindigkeitsregler konstant gehalten. An dem Tachometer war daher auch nicht die geringste Schwankung der Umlaufzahl zu bemerken.

Die benutzten registrierenden Voltmeter hatten eine Eigengeschwindigkeitsdauer von $^1/_{10}$ bis $^1/_{20}$ Sekunde und waren gut gedämpft. Da diese Voltmeter mit großer Geschwindigkeit allen Schwankungen der Spannung folgten, zeigt dieselbe hier Unregelmäßigkeiten, welche von einem gewöhnlichen Meßinstrument nicht angezeigt werden. Die kleinen Wellen der Netzspannung rühren von der Kraftmaschine

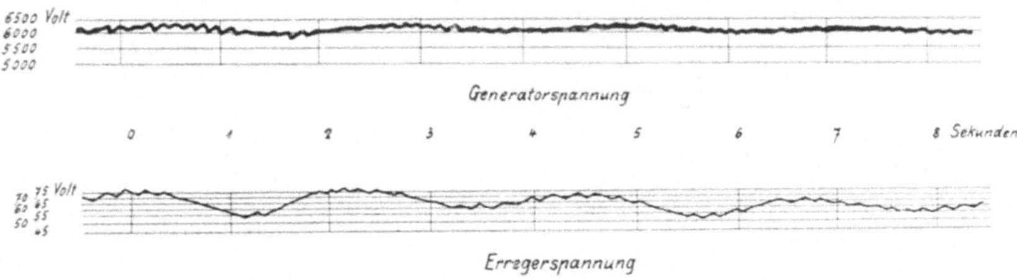

Fig. 15. Versuchsdiagramm der ungedämpften Reglerschwingungen.

her, welche dem Generator bei jeder Umdrehung zwei Antriebe gab. Ferner macht das Voltmeter Ausschläge entsprechend der Wechselfrequenz; diese aber sind infolge ihrer dichten Aufeinanderfolge meistens nicht mehr einzeln zu erkennen und lassen nur die Generatorspannung als eine sehr starke Linie erscheinen.

3. Graphische Ermittelung der ungedämpften Schwingungen des Tirrillreglers.

Der Fall der ungedämpften Schwingungen des Tirrillreglers läßt sich, ohne die Resultate der früheren Rechnung zu benutzen, in einem Vektordiagramm darstellen. Da die Ermittelung dieser Reglerschwingungen allein durch Konstruktion eines Vektordiagrammes den Einfluß der einzelnen Regler- und Generatorkonstanten auf den Reguliervorgang sehr gut veranschaulicht, wird sie im folgenden für dieselben Verhältnisse durchgeführt, welche vorhin rechnerisch untersucht wurden.

Wir nehmen an, daß wir vorläufig noch nicht einmal die Frequenz der Reglerschwingungen kennen, sondern sie erst noch bestimmen müssen.

Wir denken uns eine harmonische, d. h. nach einer Sinusfunktion der Zeit verlaufende Bewegung des Spannungsmessers um seine Gleichgewichtslage. Der Scheitelwert seiner Verschiebung aus der Gleichgewichtslage sei dabei gleich der Längeneinheit, etwa gleich 1 mm. In Fig. 16 sei x der Vektor, welcher diese Bewegung des Spannungsmessers darstellt. Die Umlaufgeschwindigkeit dieses Vektors x ist noch unbekannt; ebensowenig ist bekannt, wie stark die Ölbremse angezogen ist. Das Ziel der folgenden Betrachtung ist ja die Bestimmung der Frequenz der Pendelungen und der Konstanten der Ölbremse, welche zur Erzeugung ungedämpfter und nicht angefachter Schwingungen nötig ist.

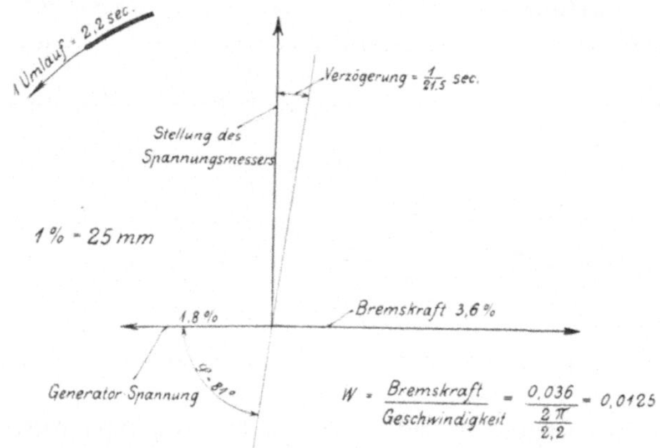

Fig. 16. Vektordiagramm der ungedämpften Reglerschwingungen.

Folgende Überlegung führt zur Lösung. Die von der Ölbremse während der harmonischen Schwingungen des ganzen Systems auf den Spannungsmesser ausgeübten Kräfte sind der Geschwindigkeit desselben proportional und müssen darum in dem Vektordiagramm Fig. 16 senkrecht zum Vektor x stehen. Man kann daher die Betrachtung des Einflusses dieser Kräfte auf den Schwingungsvorgang zunächst verschieben, indem man zuerst nur das Gleichgewicht der im Vektordiagramm zur Bewegungsrichtung parallelen Komponenten der Kräfte am Spannungsmesser untersucht. Aus der nachträglichen Untersuchung der senkrechten Kraftkomponenten wird sich dann die Stärke der Ölbremse ergeben, welche zur Erzielung ungedämpfter Schwingungen notwendig ist.

Zur Bewegungsrichtung parallele Kraftkomponenten werden geliefert von:

der Trägheitskraft zur Beschleunigung der Masse des Spannungsmessers, der Differenz der magnetischen Zugkräfte und des Eigengewichtes, der Kraft, welche durch eine etwaige „Ungleichförmigkeit" des Spannungsmessers (vgl. Seite 26) hervorgerufen wird.

Die vorläufig noch unbekannte Frequenz der Reglerschwingungen sei n. Die harmonische Bewegung des Spannungsmessers um seine Gleichgewichtslage x_0 mit der Längeneinheit als Amplitude ist also darzustellen durch die Gleichung:

$$x = \sin 2 \pi n t + x_0.$$

Daraus ergibt sich

$$x'' = -4 \pi^2 n^2 \sin 2 \pi n t$$

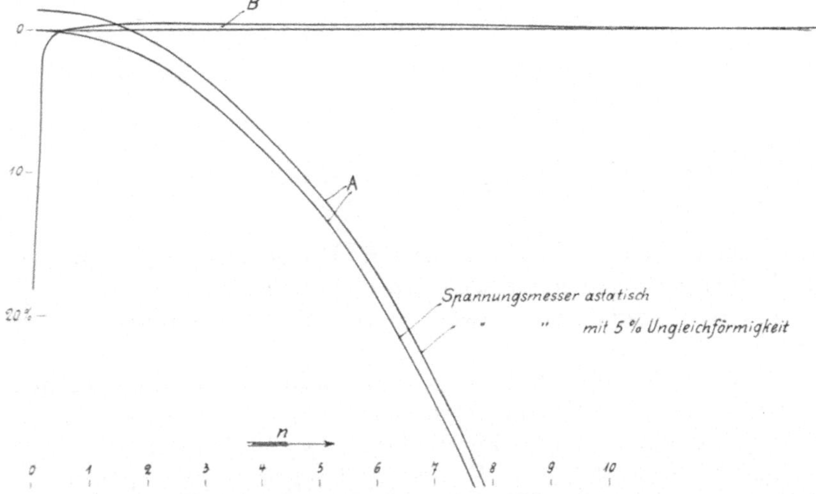

Fig. 17. Lineardiagramm zum Vektordiagramm.

und die Trägheitskraft zur Beschleunigung der Masse k m des Spannungsmessers:

$$k m x'' = -4 \pi^2 n^2 k m \sin 2 \pi n t .$$

In einem Lineardiagramm kann man den Scheitelwert dieser zur Beschleunigung dienenden Trägheitskraft in Prozenten des Eigengewichtes als Funktion der Frequenz der Schwingungen darstellen; es ist dies einfach eine Parabel (siehe Fig. 17).

Ist der Spannungsmesser nicht astatisch, so addiert man zweckmäßigerweise die von der Ungleichförmigkeit des Spannungsmessers herrührenden Kräfte gleich zu dieser Parabel und erhält damit eine Verschiebung des Nullpunktes dieser Kurve. Ist die Ungleichförmigkeit gleich δ, der Reglerhub gleich H, so beträgt diese Kraft, wie wir im vierten Abschnitt gesehen haben,

$$2 \frac{\delta}{H} m g .$$

Ist die Ungleichförmigkeit positiv, so schneidet die neue Kurve im Vektordiagramm die Nullinie bei einer bestimmten Frequenz. Bei dieser braucht man also gar keine zur Bewegungsrichtung parallele Kraft, um den Spannungsmesser zu dauernden harmonischen Schwingungen zu veranlassen; es ist dies einfach die Eigenschwingung des Spannungsmessers, welche jeder statische Spannungsmesser aufweist.

Verwickelter ist die Berechnung der magnetischen Zugkraft. Wir hatten im vierten Abschnitt den Zusammenhang zwischen Erregerspannung und Stellung des Spannungsmessers dargestellt in der Formel:

$$e = e_m \left(1{,}1 - 0{,}6 \frac{x_{t-\tau}}{H}\right)$$

worin τ die früher erklärte Relaisverzögerung ist. Ist nun seinerseits

$$x = \sin 2\pi n t + x_0,$$

so wird

$$e = e_m \left\{1{,}1 - 0{,}6 \frac{x_0 + \sin 2\pi n (t - \tau)}{H}\right\}.$$

In dem Vektordiagramm wird also die Erregerspannung e um den Winkel $360\, n \tau$ Grad dem Vektor x nacheilen. Es ist nun die Größe der hierdurch veranlaßten Schwankungen der Netzspannung zu ermitteln.

r sei der Widerstand, L die (lokale) Induktanz der Magnetwicklung für die Umgebung des betrachteten Gleichgewichtszustandes, wie auf Seite 34 genau erklärt wurde. Für die Frequenz n ist dann die Reaktanz der Magnetwicklung $2\pi n L$. Die Schwankungen des Erregerstromes des Generators werden in unserem Vektordiagramm der Erregerspannung um einen Winkel φ nacheilen, der bestimmt ist durch die Beziehung:

$$\operatorname{tg} \varphi = \frac{2\pi n L}{r}.$$

Die Schwankungen des Erregerstromes $i - i_0$ werden demnach verlaufen nach der Gleichung:

$$i - i_0 = -\frac{\cos\varphi}{r H} e_m\, 0{,}6 \sin[2\pi n (t - \tau) - \varphi].$$

Die zugehörigen Schwankungen der Netzspannung sind daher

$$\frac{E - E_0}{E_0} = \frac{b}{a + b} \frac{i - i_0}{i_0} = -\frac{b}{a + b} \frac{e_m}{r i_0} \frac{\cos\varphi}{H} 0{,}6 \sin[2\pi n (t - \tau) - \varphi]$$

worin $\frac{b}{a + b}$ von der Krümmung der Charakteristik abhängt und die in Fig. 11 angegebene Bedeutung hat.

Früher hatten wir gefunden, daß bei der Spannungsänderung $E - E_0$ die Resultierende der magnetischen Zugkraft und des Eigengewichtes für den Spannungsmesser die Größe $2\,m\,g\,\frac{E - E_0}{E_0}$ hat. Bei der betrachteten Reglerschwingung ist diese Kraft

$$-2\,m\,g\,\frac{b}{a+b}\,\frac{e_m}{r\,i_0}\,\frac{\cos\varphi}{H}\,0{,}6\sin\left[2\,\pi\,n\,(t-\tau)-\varphi\right].$$

Zweckmäßiger ist die Form

$$-2\,m\,g\,\frac{b}{a+b}\,\frac{e_m}{2\,\pi\,n\,L\,i_0}\,\frac{\sin\varphi}{H}\,0{,}6\sin\left[2\,\pi\,n\,(t-\tau)-\varphi\right],$$

da Sinus φ hier in der Regel fast gleich 1 ist.

In unserem Vektordiagramm wird dieser magnetische Kraftvektor dem Vektor x um den Winkel $360\left(n\,\tau - \frac{\varphi}{2\,\pi}\right)$ Grad nacheilen.

Für verschiedene Werte von n können wir nun den magnetischen Kraftvektor nach Lage und Richtung bestimmen und in das Vektordiagramm eintragen. Da wir zunächst nur das Gleichgewicht der im Vektordiagramm zur Bewegung x des Spannungsmessers parallelen Kräfte betrachten wollten, entnehmen wir aus demselben für verschiedene Werte der Frequenz n die zu x parallele Komponente der magnetischen Zugkraft und tragen sie in unser Lineardiagramm ein, wie in Fig. 17 geschehen Die Kurve A stellt in dieser Figur den Scheitelwert der Kraft in Prozenten des Eigengewichtes dar, welche bei verschiedenen Frequenzen n der Reglerschwingungen nötig ist, um die Masse des Spannungsmessers zu einer harmonischen Schwingung mit der Längeneinheit als Amplitude zu veranlassen; die Kurve B gibt die Projektion der magnetischen Zugkraft auf x. Aus dem Schnittpunkte der beiden Linien ergibt sich dann eine der möglichen harmonischen Reglerschwingungen. Für den astatischen Regler gibt es im allgemeinen nur e i n e mögliche Frequenz. Wir zeichnen nunmehr endgültig das Vektordiagramm für die gefundene Frequenz auf und können nunmehr auch die zu x senkrechte Komponente des magnetischen Kraftvektors bestimmen. Dieser muß dann die Bremskraft der Ölbremse das Gleichgewicht halten, wenn anders die betrachteten ungedämpften Reglerschwingungen einen wirklich möglichen Bewegungszustand des Reglers vorstellen sollen. Aus der Größe dieser Kraft der Ölbremse und der Frequenz n läßt sich dann in einfacher Weise die Konstante der Ölbremse bestimmen. In Fig. 16 ist das Vektordiagramm für den untersuchten Generator in der soeben erklärten Weise aufgezeichnet. Wie man sieht, steht es in guter Übereinstimmung mit den experimentell aufgenommenen ungedämpften Reglerschwingungen in Fig. 15.

4. Das Verhalten des Tirrillreglers nach plötzlichen Belastungsänderungen.

Für den Versuchsgenerator wurde ferner das Verhalten des Reglers berechnet für die Werte der Ölbremskonstanten w = 0,1 und w = **0,3**. Die charakteristischen Gleichungen lauten

für w = 0,1

$$\lambda^3 + 755\,\lambda^2 + 350\,\lambda + 772\,\varepsilon^{-\lambda/21,5} = 0,$$

für w = 0,3

$$\lambda^3 + 2260\,\lambda^2 + 1050\,\lambda + 772\,\varepsilon^{-\lambda/21,5} = 0.$$

Ihre Wurzeln sind angenähert

für w = 0,1

$$\lambda_1 = -0{,}22 + i \cdot 1{,}0;\ \lambda_2 = -0{,}22 - i\,1{,}0,$$

für w = 0,3

$$\lambda_1 = -0{,}22 + i \cdot 0{,}54;\ \lambda_2 = -0{,}22 - i \cdot 0{,}54.$$

Wird ein Wechselstromgenerator plötzlich entlastet, so zeigt sich sofort eine Spannungserhöhung an seinen Klemmen, welche der geometrischen Summe von Ohmschem Spannungsverlust und Streuspannung entspricht. Dieser folgt dann, wenn die vorhergehende Belastung eine wattlose Komponente hatte, und die Erregerspannung konstant gehalten wird, eine weitere, verhältnismäßig langsame Spannungssteigerung, welche sich bekanntermaßen ihrem Endwerte nach einer Exponentialfunktion der Zeit nähert; die Zeitkonstante des Erregerkreises steht in derselben im Exponenten als Faktor neben der Zeit. Auch bei einem von einem Tirrillregler beherrschten Generator ist nach einer plötzlichen Entlastung, welche einem Beharrungszustande des Reglers folgt, die Erregerspannung im ersten Augenblick konstant, da ja die Massen des Spannungsmessers zunächst beschleunigt werden müssen, bevor eine Änderung der Erregerspannung erfolgen kann. Ganz analog liegen die Verhältnisse bei einer plötzlichen Belastungsvergrößerung. Die Bestimmung der Konstanten in der Gleichung für den Verlauf der Generatorspannung nach einer plötzlichen Störung des Beharrungszustandes ergibt sich daraus, daß der Momentanwert und der erste Differentialquotient der Spannung dieselben Werte haben müssen wie bei einem nicht geregelten Generator.

In Fig. 18 ist der Verlauf der Generatorspannung für den Versuchsgenerator aufgezeichnet für den Fall, daß nach einer plötzlichen Entlastung die sofort auftretende Spannungserhöhung 5 % und die bei nicht geregeltem Generator verbleibende 20 % beträgt. Außerdem ist der neue Beharrungszustand derselbe wie der vorhin behandelte, so daß hier die Gleichungen auf Seite 55 gelten. Die allgemeine Lösung der Gleichung für die Spannung lautet für w = 0,1

$$E = C_1 \varepsilon^{-0,22\,t} \sin 1,0\,t + C_2 \varepsilon^{-0,22\,t} \cos 1,0\,t$$ [1]),

für w = 0,3

$$E = C_1 \varepsilon^{-0,22\,t} \sin 0,54\,t + C_2 \varepsilon^{-0,22\,t} \cos 0,54\,t\,.$$

Zur Zeit t = 0 soll sein

$$E = +\,0,05$$

und da die mittlere Zeitkonstante des Erregerkreises, wie oben berechnet, 2,8 Sekunden ist,

$$E' = \frac{0,15}{2.8} = 0,54\,.$$

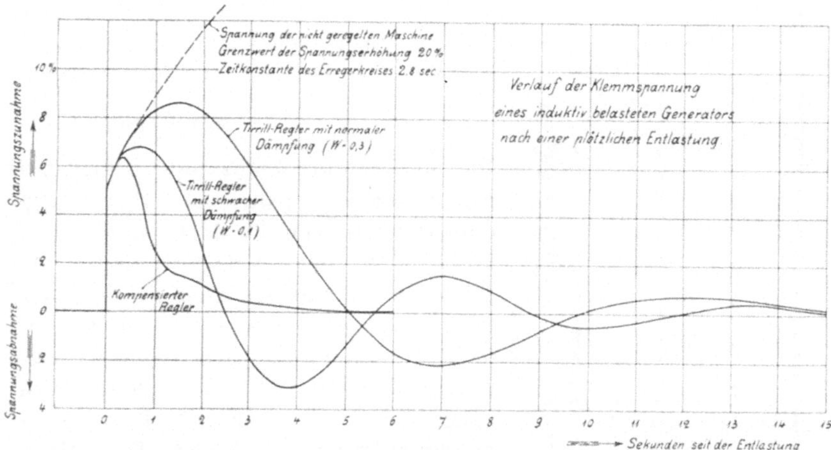

Fig. 18. Berechnete Kurven des Verlaufes der Generatorspannung nach einer plötzlichen Belastungsvergrößerung für verschiedene Stärke der Ölbremse.

Es ergibt sich demnach als Gleichung der Spannung:

für w = 0,1

$$E = 0,065\,\varepsilon^{-0,22\,t} \sin 1,0\,t + 0,05\,\varepsilon^{-0,22\,t} \cos 1,0\,t\,,$$

für w = 0,3

$$E = 0,12\,\varepsilon^{-0,22\,t} \sin 0,54\,t + 0,05\,\varepsilon^{-0,22\,t} \cos 0,54\,t\,.$$

In Fig. 18 sind diese Spannungskurven aufgezeichnet. Man sieht, daß bei dem kleineren Werte der Ölbremskonstanten ein starkes Nachpendeln auftritt. So schwach gedämpfte Regler werden leicht durch die periodisch auftretenden Belastungsstöße beim Anlassen größerer Motoren zu heftigen Pendelungen veranlaßt. Daher ist es ganz erklärlich, daß man in der Praxis lieber ein langsames Arbeiten des

[1]) Unter ε ist die Basis des natürlichen Logarithmensystems zu verstehen; $\varepsilon = 2,718$.

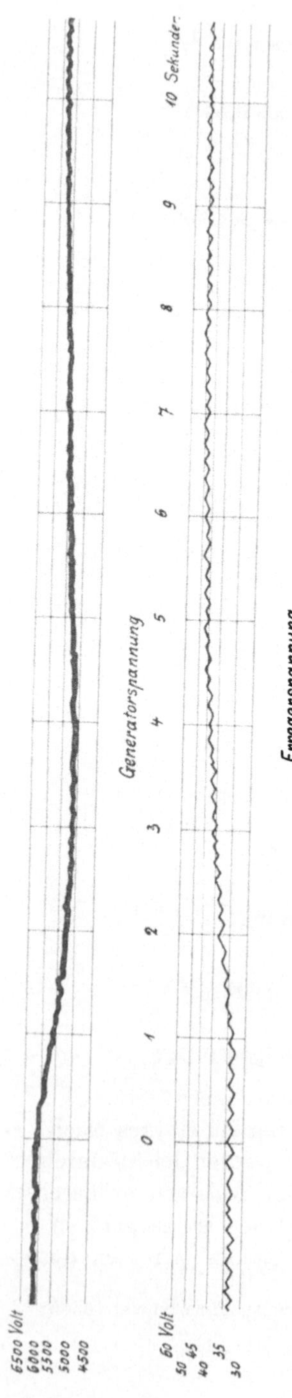

Fig. 19. Versuchsdiagramm des Belastungsversuches.

Reglers in Kauf nimmt und die Ölbremse so stark anzieht, wie es der Spannungskurve in Fig. 20 entspricht, welche mit $w = 0{,}8$ gerechnet wurde.

Eine an dem untersuchten Generator aufgenommene Spannungskurve zeigt Fig. 19. Der Generator wurde hier durch plötzliches Einschalten eines festgebremsten Asynchromotors belastet. Der Regler war hierbei so stark gedämpft, daß der Spannungsmesser, plötzlich abgeschaltet, seinen Hub von 7 mm in etwa $5\frac{1}{2}$ Sekunden zurücklegte; die Ölbremskonstante w betrug also überschläglich gerechnet $\frac{5{,}5}{7}$, d. i. etwa gleich 0,8. Die der Streureaktanz des Generators entsprechende plötzliche Spannungserniedrigung verschwindet unter den übrigen, von der Antriebsmaschine herrührenden Unregelmäßigkeiten der Spannung. Auch konnte die Belastung nicht vollständig momentan eingeschaltet werden. In Fig. 20 ist der gleiche Vorgang rechnerisch ermittelt. Die Reglerbewegungsgleichung lautet für diesen Fall, da die Ölbremskonstante $w = 0{,}8$ ist,

$$x''' + 6030\, x'' + 2800\, x' + 772\, x_{\left(t - \frac{1}{21{,}5}\right)} = 0 .$$

Die spezielle Lösung lautet für den vorliegend experimentell aufgenommenen Fall:

$$E = -0{,}465\, \varepsilon^{-0{,}22\, t} \sin 0{,}23\, t - 0{,}01\, \varepsilon^{-0{,}22\, t} \cos 0{,}23\, t .$$

Die Bestimmung der Konstanten dieser Gleichung geschah in der Weise, daß die sekundliche Spannungsabnahme von 10,5 % aus dem Diagramm abgemessen wurde und als momentan auftretender Spannungsabfall 1 % angenommen wurde. Die rechnerisch ermittelte Kurve steht mit dem Diagramm in guter Übereinstimmung.

Dieser Versuch beweist, daß bei induktiver Belastung eines Wechselstromgenerators der Spannungsabfall durchaus nicht schon nach Bruchteilen einer Sekunde zum größten Teile auftritt, wie vielfach behauptet wird[1]).

Man sieht ferner aus dem Diagramm Fig. 19 deutlich, daß die Arbeitsweise des Tirrillreglers nicht allzu verschieden von der eines sogenannten trägen Reglers ist. Durch Anziehen der Ölbremse muß man die Reguliergeschwindigkeit des Tirrillreglers soweit herabsetzen, daß die Erregerspannung sich ganz langsam ihrem Beharrungszustande

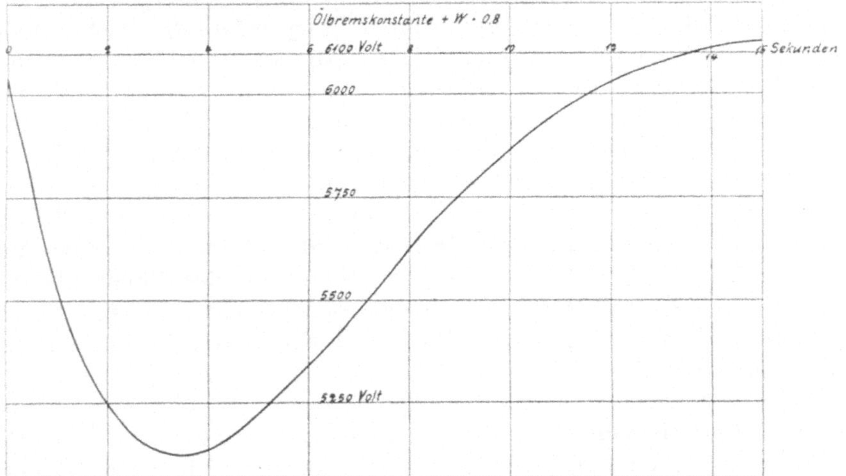

Fig. 20. Berechnete Kurve des Spannungsverlaufes beim Belastungsversuch.

nähert. Gegenüber dem gewöhnlichen trägen Regler ist der Tirrillregler nur insofern im Vorteile, als infolge der Wirkungsweise des Spannungsmessers und der Eigenschaften der Ölbremse die Reguliergeschwindigkeit mit der Annäherung der Spannung an ihren Gleichgewichtszustand stetig abnimmt, während ein träger Regler mit konstanter Geschwindigkeit arbeitet, bis die Generatorspannung nur noch um den Betrag der sogenannten Unempfindlichkeit des steuernden Kontaktvoltmeters von ihrem Gleichgewichtszustande entfernt ist. Je kleiner man diese Unempfindlichkeit wählt, desto kleiner muß man hier die Reguliergeschwindigkeit machen. Der Tirrillregler hat dagegen den Vorteil für sich, daß mit der Annäherung der Generatorspannung an ihren Gleichgewichtszustand seine Reguliergeschwindigkeit bis auf Null abnimmt, so daß bei größeren Spannungsänderungen auch größere

[1]) Siehe z. B. A. Schwaiger, Das Regulierproblem in der Elektrotechnik (Leipzig 1909), Seite 29, Zeile 5.

Reguliergeschwindigkeiten möglich sind. — Das Versuchsdiagramm Fig. 19 zeigt deutlich, daß ein „Überregulieren" bei dem gewöhnlichen Tirrillregler nicht vorkommt, entgegen der Ansicht von Natalis[1]), welcher die Arbeitsweise des Tirrillreglers folgendermaßen beschreibt:

„Der Regler bewegt, wenn wir auf die schematische Darstellung Fig. . . . zurückgreifen, den Kontakthebel m bei einer Spannungsabnahme momentan so weit wie möglich nach links bis auf den Kurzschlußkontakt, wodurch die gewünschte Spannungszunahme des Generators auf dem denkbar schnellsten Wege erfolgt, und er führt den Kontakthebel, wenn der richtige Wert der Spannung wieder erreicht ist, ebenso momentan in die jeweilig erforderliche Stellung zurück. Das Umgekehrte würde bei einer Spannungszunahme eintreten. Die Ausregulierung der Spannungsschwankungen wird daher durch eine zeitweise Über- bzw. Unterregulierung wesentlich beschleunigt. Man kann hinsichtlich dieser Wirkung den Schnellregulator vergleichen mit einem Reitpferde, welches durch kräftige Peitschenhiebe und Gebrauch der Sporen plötzlich in eine andere Bahn gelenkt und durch einen Hieb von der Gegenseite pariert wird, während die Wirkung eines trägen Regulators dem sanften Gebrauche der Zügel gleichkommt." — Zu so schnellem Arbeiten ist vielmehr nur ein „kompensierter" Regler fähig, wie im letzten Abschnitt vorliegender Arbeit auseinandergesetzt wird.

Bei der üblichen Ausführung des Tirrillreglers zeigt sich, wenn er mit einer langsam laufenden, trägen Erregermaschine arbeitet, eine zweite, in der Regel sehr heftige Schwingungserscheinung, welche aber von den bisher betrachteten Schwingungen durchaus verschieden ist. Bei größeren Belastungsstößen und mäßiger Dämpfung des Reglers kann es vorkommen, daß sich der Spannungsmesser schneller bewegt als der Geschwindigkeit der Spannungssteigerung oder der Spannungsabnahme der Erregermaschine bei geschlossenen bzw. geöffneten Zwischenrelais entspricht. Ist z. B. die Generatorspannung erheblich unter ihren normalen Wert gesunken, so werden die Hauptkontakte geschlossen, die Zitterbewegungen hören auf, und der Spannungsmesser wird in seiner freien Bewegung durch den viel kräftigeren Zittermagnet gehindert. Stellt man sich harmonische Schwingungen des ganzen Systems vor, so ist ersichtlich, daß die geschilderte Hemmung des Spannungsmessers in seiner freien Bewegung dann auftritt, wenn er seine Mittellage überschreitet und die größte Geschwindigkeit hat. Die Beschränkung der Erregergeschwindigkeit der Erregermaschine wird daher ebenso wie eine Ölbremse wirken und kann keine schädlichen

[1]) F. Natalis, Die selbsttätige Regulierung der elektrischen Generatoren (Braunschweig 1908), Seite 62.

Folgen haben, außer einer im allgemeinen belanglosen Herabsetzung der Reguliergeschwindigkeit.

Wenn dagegen die Generatorspannung zu hoch ist und der Spannungsmesser sich schnell aufwärts bewegt, so werden die Hauptkontakte gelüftet und entfernen sich weit voneinander. In der Regel erreicht hierbei der Spannungsmesser seine Hubbegrenzung. Ist nun unterdessen die Generatorspannung wieder auf ihrem normalen Wert angelangt, so beginnt der Spannungsmesser zurückzuwandern. Die Erregerspannung steigt aber trotzdem noch längere Zeit, da sich die Hauptkontakte weit voneinander entfernt haben. Die Erregerspannung hinkt also den Bewegungen des Spannungsmessers nach. Wir haben bereits früher gesehen, daß eine derartige Verzögerung sehr ungünstig wirkt. Aus der eben angestellten überschläglichen Betrachtung sieht man, daß hier sehr große Verzögerungen auftreten. Die Aufnahmen an dem untersuchten Regler zeigen auch, daß schon eine kleine, künstliche Entfernung der Hauptkontakte, siehe Fig. 21, Zeit 1 Sekunde, zu schnell wachsenden Pendelungen führt, bei welchen der Spannungsmesser an seine obere Hubbegrenzung stößt. Zur Zeit 13 Sekunden in derselben Figur wurde der Spannungsmesser künstlich aufgehalten. Man sieht aus dem schnellen Verschwinden der nachfolgenden kleinen Schwingungen, daß im übrigen die Dämpfung für Reglerbewegungen, bei welchen die Trägheit der Erregermaschine nicht mitspricht, genügend war.

Bringt man auf dem Hebel des Zittermagneten oder des Spannungsmessers einen Anschlag an, welcher hindert, daß sich die Hauptkontakte weiter voneinander entfernen, als gerade zur sicheren Stromunterbrechungnötig ist, so wird die Ursache der geschilderten Verzögerung beseitigt und die Trägheit der Erregermaschine wirkt

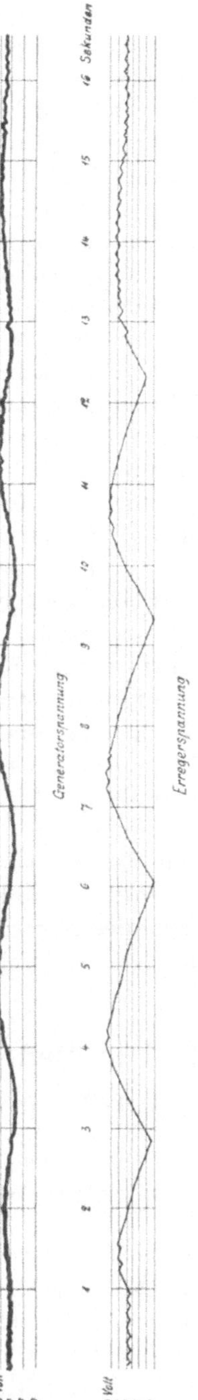

Fig. 21. Große Schwingungen des Tirrillreglers, veranlaßt durch die Trägheit der Erregermaschine (Versuchsdiagramm).

stets nur so, wie eine Verstärkung der Dämpfung bei großen Schwingungen.

Da sich die beschriebenen lästigen Schwingungserscheinungen in so einfacher Weise beseitigen lassen, ist eine eingehendere Behandlung derselben überflüssig. Meines Wissens hat man das genannte Mittel bisher noch nicht angewandt und mußte daher bei einer trägen Erregermaschine den Tirrillregler mit einer außerordentlich starken Ölbremse ausrüsten, welche die Reguliergeschwindigkeit, namentlich bei den die Regel bildenden kleineren Belastungsschwankungen, ganz unnötigerweise stark herabsetzt.

Für große Schwingungen des Reglers, bei welchen die Beschränkung der Erregungsgeschwindigkeit träger Erregermaschinen hervortritt, läßt sich das Arbeiten des Reglers nicht mehr mit einer Gleichung vollständig beschreiben. Während der Zeit, in welcher der Spannungsmesser in seiner freien Bewegung gehindert ist, verläuft die Erregerspannung nach einer, der betreffenden Erregermaschine eigentümlichen Kurve. Den Vorgang der Spannungssteigerung oder des Spannungsabfalles der Erregermaschine haben wir im zweiten Abschnitt eingehend untersucht. Es genügt daher, hier auf die früheren Rechnungen zurückzuweisen. Bei der Berechnung des Verhaltens des Tirrillreglers hat man daher stets zu prüfen, ob sich nirgends die Beschränkung der Erregungsgeschwindigkeit der Erregermaschine fühlbar macht und muß gegebenenfalls die Gültigkeit der Gleichung für die Reglerbewegung einschränken. Die Ermittlung des Spannungsverlaufes geschieht in diesem Falle am zweckmäßigsten in der Weise, daß man zuerst den Verlauf der Erregerspannung berechnet, da sich für dieselbe die notwendigen Beschränkungen am leichtesten einführen lassen, und dann erst aus dieser, vorteilhafterweise auf graphischem Wege, die Generatorspannungskurve ableitet.

VII. Die Bedeutung der Verzögerungszeit bei der direkten Regelung einer Dampfmaschine.

Bereits im vierten Abschnitt wurde der Vergleich des Tirrillreglers mit dem direkt wirkenden Kraftmaschinenregler durchgeführt ohne Berücksichtigung der Verzögerungszeit, welche die Einschaltung der Zwischenrelais beim Tirrillregler verursacht, und unter Vernachlässigung der Unstetigkeiten, welche von den bekannten Zitterbewegungen herrühren. Bei der Regelung einer Kolbenmaschine durch ein gewöhnliches Fliehkraftpendel ist nun ebenfalls eine Verzögerung in der Einwirkung des Reglers auf das Maschinendrehmoment vorhanden. Ähnlich wie beim Tirrillregler die Erregerspannung, pulsiert hier das

Maschinendrehmoment mit einer Frequenz, die bei einer einzylindrigen Dampfmaschine der Zeit eines halben Umlaufes der Maschinenwelle entspricht. Auch hier hängt der Verlauf des Maschinendrehmomentes, wenigstens bei einer durch Füllungsänderung geregelten Maschine, für die Dauer einer Periode dieser Pulsationen nur von der Stellung des Pendels in dem Moment ab, in welchem die Expansion beginnt. Eine Verstellung des Pendels wirkt auch hier verspätet erst in dem Moment, in welchem der nächstfolgende Schluß der Steuerung eintritt. Ebenso wie in Fig. 12 für die Erregerspannung beim Tirrillregler geschehen, kann man hier die Größe der mittleren Verzögerungszeit graphisch ermitteln und in die Gleichung für die Bewegung des Reglers einführen. Die Bedeutung der Unstetigkeiten in der Einwirkung des Reglers kann man, ähnlich wie beim Tirrillregler, dadurch ermitteln, daß man das Tangentialdruckdiagramm für verschiedene Stellungen des Pendels in harmonische Schwingungen zerlegt. Hierbei ist näherungsweise die Umlaufgeschwindigkeit der Maschine konstant zu setzen. Das konstante Glied dieser Entwicklung ist das in unserer Rechnung allein berücksichtigte. Allerdings sind die höheren Harmonischen bei der Dampfmaschine nicht so vollständig belanglos für den Verlauf der Reglerbewegung; es ist ja bekannt, daß Dampfmaschinenpendel mit der Frequenz der Hubwechsel zu zucken pflegen. Immerhin ist die Rückwirkung der Antriebsstöße der Maschine auf die Einstellung des Reglers meistens unerheblich, da man ja schon aus anderen Gründen gezwungen ist, durch Anbringung ausreichender Schwungmassen die periodischen Schwankungen der Umlaufzahl klein zu halten. Nach meiner Ansicht ist die Verzögerung in der Einwirkung des Reglers auf das Maschinendrehmoment für den Verlauf der Reglerbewegung ungleich wichtiger als die Unstetigkeiten desselben. Von Hort[1]) wurde diese Frage einer mathematischen Behandlung unterzogen. Da aber bei derselben, um die rechnerische Behandlung überhaupt möglich zu machen, näherungsweise das Maschinendrehmoment während eines halben Umlaufes nach Beginn der Expansion konstant angenommen wird, ist die so, allerdings in versteckter Weise, in die Rechnung eingeführte Verzögerungszeit zu groß. Immerhin erhält Hort das Resultat, daß ein Dampfmaschinenpendel unter Umständen auch ohne Ölbremse einen gedämpften Verlauf des Reguliervorganges geben kann. Durch Konstruktion des Vektordiagrammes in der für den Tirrillregler genau auseinandergesetzten Weise kann man auf einfacherem Wege zu demselben Ergebnis gelangen und man erkennt gleichzeitig, daß man ein Pendel mit kurzer Eigenschwingungsdauer

[1]) W. Hort, Entwicklung des Problems der Kraftmaschinenregelung. Zeitschrift für Mathematik und Physik, Bd. 50, 1904, und Technische Schwingungslehre (Berlin 1910), Seite 141.

verwenden muß, um die Ölbremse entbehren zu können. Man findet dann nämlich bei passender Wahl der Verhältnisse, daß zur Aufrechterhaltung der Reglerschwingungen eine negative Ölbremse, d. h. ein dauernder Antrieb des Pendels bei jeder Schwingungsbewegung notwendig wäre. Daraus darf man schließen, daß ohne Ölbremse der Reguliervorgang gedämpft verläuft. Die genauere Ermittelung derselben kann ferner ebenso wie beim Tirrillregler durch Auflösen einer transzendenten Gleichung geschehen.

Würde man beim Tirrillregler einen Spannungsmesser mit sehr großer magnetischer Zugkraft und sehr kleiner Masse und mit einer sehr kleinen Eigenschwingungsdauer verwenden, so könnte man es ebenfalls erreichen, daß die Relaisverzögerung die notwendige Stärke der Ölbremse nicht wie gewöhnlich vergrößert, sondern herabsetzt. Leider ist die Verwendung eines derartigen Spannungsmessers hier kaum möglich, weil er, wenigstens bei der Regelung eines Wechselstromgenerators, zu stark auf die Pulsationen des magnetischen Feldes mit der Wechselfrequenz ansprechen würde.

Die Analogie zwischen Tirrillregler und Dampfmaschinenregler ist demnach eine durchaus vollkommene; nur die üblichen Werte der einzelnen Konstanten sind verschieden. Der Tirrillregler in seiner üblichen Bauart verwendet gegenüber modernen Fliehkraftpendeln ein Steuerorgan, welches infolge starker Dämpfung und großer Masse sehr träge ist. Die Analogie zwischen dem Tirrillregler und dem Kraftmaschinenregler drängt dazu, die Erfahrungen, welche man in den letzten Jahren beim Bau schnell wirkender Geschwindigkeitsregler gewonnen hat, auf den Tirrillregler zu übertragen, um seine Reguliergeschwindigkeit zu erhöhen. Auf welche Weise dies geschehen kann, soll im nächsten Abschnitt im einzelnen erklärt werden.

VIII. Der Tirrillregler mit nachwirkender Kompensation.

Die in den vorhergehenden Abschnitten angestellten Untersuchungen zeigen, daß die Reguliergeschwindigkeit des Tirrillreglers recht beschränkt ist. Die Bewegungsgleichung des Tirrillreglers auf Seite 36 lehrt, daß eine Verbesserung und Beschleunigung des Reguliervorganges möglich ist, wenn man positive Werte der Ungleichförmigkeit zuläßt. Ein solcher statischer Regler stellt aber bei Belastung des Generators dauernd eine niedrigere Spannung ein als bei Leerlauf, während praktisch im allgemeinen eher das Gegenteil erwünscht wäre. Durch eine besondere Vorrichtung, für welche ich den Namen „Nachwirkende Kompensation" vorschlage, kann man diesen Mangel des statischen

Reglers beseitigen, ohne im übrigen seine guten Eigenschaften opfern zu müssen.

In Fig. 22 ist das Schaltungsschema des Tirrillreglers mit nachwirkender Kompensation gezeichnet. Von der gewöhnlichen Anordnung, siehe Fig. 8, unterscheidet sich die vorliegende durch Anbringung einer zweiten, auf den Eisenkern des Spannungsmessers wirkenden Spule s, welche unter Zwischenschaltung einer Drosselspule D an der

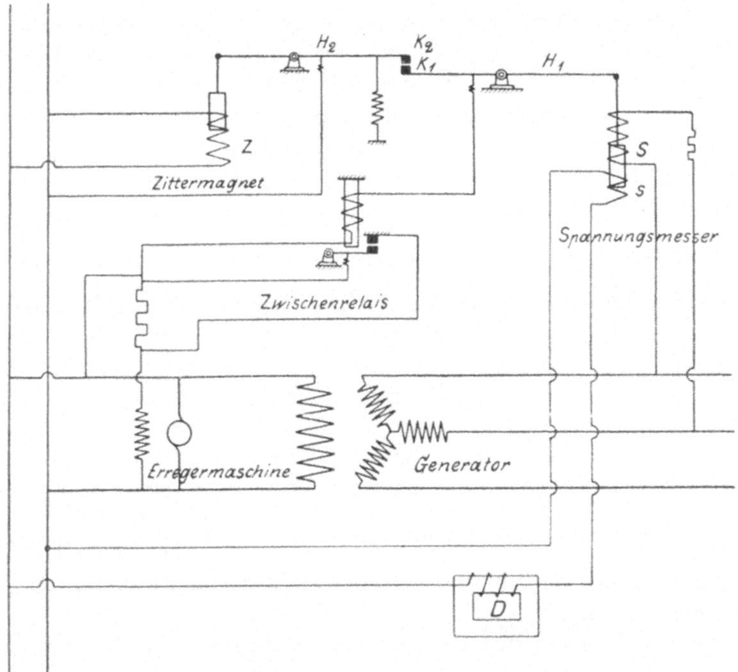

Fig. 22. Schaltschema des kompensierten Reglers.

Erregerspannung liegt. Bei schnellen Bewegungen des Reglers wird der Strom in dieser Spule s annähernd konstant bleiben, da die Drosselspule plötzliche Schwankungen der Stromstärke hindert. Man kann nun den Spannungsmesser so justieren, daß er für eine beliebige, aber konstante Stromstärke in der Hilfsspule s statische Eigenschaften hat. Der Regler verhält sich dann nach einer Störung des Beharrungszustandes wie ein statischer Regler; man braucht daher die Ölbremse nur schwach anzuziehen. Bei passender Wahl der Induktanz der Drosselspule D kann man es erreichen, daß sich die Veränderung des Stromes in der Hilfsspule s erst dann bemerkbar macht, nachdem der Reguliervorgang wie bei einem statischen Regler beendet ist. Hat man den Sinn und die Stärke der Einwirkung der Hilfsspule s auf den Spannungsmesser richtig gewählt, so kann man es erreichen, daß die dem statischen Regler anhaftende dauernde Spannungsänderung beseitigt oder sogar in ihrem Vorzeichen geändert wird. Man kann daher den endgültigen Beharrungszustand des Reglers frei wählen, ohne seine statischen Eigenschaften für den ersten Teil des Reguliervorganges aufgeben zu müssen.

Die genauere Untersuchung des kompensierten Reglers wollen wir für den Fall ausführen, daß die dauernden Spannungsänderungen verschwinden und der Regler also den gleichen Endzustand der Generatorspannung herbeiführt, wie der früher untersuchte astatische Tirrillregler. Die Zeitkonstante des Kompensationskreises sei $1/c$; die nach einer Störung des Beharrungszustandes auftretende Ungleichförmigkeit des Reglers verschwindet daher nach einer Exponentialfunktion ε^{-ct}. Um diesen Vorgang analytisch darzustellen, führen wir in die Gleichung 1) auf Seite 34 an Stelle des Gliedes $2\,\delta\,\frac{x - x_0}{H}\,m\,g$, welches ja den Einfluß der Ungleichförmigkeit wiedergab, eine neue Variable y ein, für welche die Bestimmungsgleichung gilt:

$$y' = 2\,\delta\,\frac{x'}{H}\,m\,g - c\,y.$$

Mit diesem Ansatz wird das Arbeiten der Kompensation richtig beschrieben, denn die Größe y ändert sich nach einer Verschiebung $x - x_0$ des Spannungsmessers um den Betrag $2\,\delta\,\frac{x - x_0}{H}\,m\,g$, um darauf wie eine Exponentialfunktion der Zeit mit der Zeitkonstanten $-1/c$ zu verschwinden.

Die Gleichungen des nachwirkend kompensierten Reglers heißen also:

$$k\,m\,x'' + w\,m\,g\,x' + y - 2\,m\,g\,\frac{E - E_0}{E_0} = 0 \qquad 1)$$

$$y' = 2\,\delta\,\frac{x'}{H}\,m\,g - c\,y \qquad 2)$$

$$e = e_m \left\{1{,}1 - 0{,}6\,\frac{x_{(t-\tau)}}{H}\right\}, \text{ worin } \tau \text{ die Relaisverzögerung bedeutet} \qquad 3)$$

$$e = r\,i + L\,i' \qquad 4)$$

$$E = a + b\,\frac{i}{i_0} \qquad 5)$$

Aus diesen Gleichungen sollen alle Veränderlichen bis auf die Koordinate x des Spannungsmessers eliminiert werden. Gleichung 1) ergibt differenziert:

$$k\,m\,x''' + w\,m\,g\,x'' + y' - 2\,m\,g\,\frac{E'}{E_0} = 0\,.$$

Für y' wird der Wert aus Gleichung 2) eingesetzt:

$$k\,m\,x''' + w\,m\,g\,x' + 2\,\delta\,\frac{x'}{H}\,m\,g - c\,y - 2\,m\,g\,\frac{E'}{E_0} = 0\,.$$

Hieraus und aus Gleichung 1) läßt sich y eliminieren; das Resultat ist:

$$k\,m\,x''' + x''\,(w\,m\,g + k\,m\,c) + x'\left(2\,\delta\,\frac{m\,g}{H} + w\,m\,g\,c\right)$$
$$- 2\,m\,g\,\frac{E'}{E_0} - 2\,m\,g\,c\,\frac{E - E_0}{E_0} = 0\,.$$

Durch Eliminierung von i aus Gleichung 4) und 5) ergibt sich:

$$e = r\,i_0\,\frac{E'}{b} - r\,i_0\,\frac{a}{b} + L\,i_0\,\frac{E'}{b}$$

und bei Berücksichtigung von Gleichung 3)

$$e_m\left(1{,}1 - 0{,}6\,\frac{x_{(t-\tau)}}{H}\right) = r\,i_0\,\frac{E'}{b} - r\,i_0\,\frac{a}{b} + L\,i_0\,\frac{E'}{b}$$

oder

$$E' = e_m\,\frac{b}{i_0\,L}\left\{1{,}1 - 0{,}6\,\frac{x_{(t-\tau)}}{H}\right\} - \frac{r}{L}\,a - \frac{r}{L}\,E\,.$$

Dieser Wert E' in Gleichung 1) eingesetzt, ergibt:

$$k\,m\,x''' + x''\,(w\,m\,g + k\,m\,c) + x'\left(\frac{2\,\delta\,m\,g}{H} + w\,m\,g\,c\right) - 2\,m\,g\,\frac{e_m\,b}{L\,i_0\,E_0}$$
$$+ 2\,m\,g\,\frac{e_m\,b}{L\,i_0\,E_0}\,0{,}6\,\frac{x_{(t-\tau)}}{H} - 2\,m\,g\,\frac{r\,a}{E_0\,L} + 2\,\frac{m\,g\,r\,E}{E_0\,L}$$
$$- 2\,m\,g\,c\,\frac{E - E_0}{E'_0} = 0\,.$$

Wenn man diese Gleichung nach E auflöst, so erhält man:

$$E = \frac{k\,m\,x''' + x''\,(w\,m\,g + k\,m\,c) + x'\left(\frac{2\,\delta\,m\,g}{H} + w\,m\,g\,c\right) - \frac{2\,m\,g}{E_0}\,\frac{e_m\,b}{L\,i_0} + 2\,m\,g\,\frac{e_m\,b}{L\,i_0}\,0{,}6\,\frac{x_{(t-\tau)}}{H} - \frac{2\,m\,g\,r\,a}{E_0\,L} - 2\,m\,g\,c}{\frac{2\,m\,g}{E_0}\left(c - \frac{r}{L}\right)}\,.$$

Durch Differentation ergibt sich hieraus:

$$\frac{E' = k\,m\,x^{IV} + x'''(w\,m\,g + k\,m\,c) + x''\left(\frac{2\,\delta\,m\,g}{H} + w\,m\,g\,c\right) + \frac{2\,m\,g\,e_m\,b}{E_0\,L\,i_0}\,0{,}6\,\frac{x'_{(t-\tau)}}{H}}{\frac{2\,m\,g}{E_0}\left(c - \frac{r}{L}\right)}.$$

Die gefundenen Ausdrücke ergeben, in Gleichung 2) eingesetzt, die gesuchte Differentialgleichung für x. Rechnet man x von dem Beharrungszustande aus, so darf man die konstanten Glieder fortlassen und erhält folgende Gleichung für x:

$$x^{IV} + x'''\left(\frac{r}{L} + \frac{w\,g}{k} + c\right) + x''\left(\frac{r}{L}\,\frac{w\,g}{k} + c\,\frac{r}{L} + \frac{2\,\delta\,g}{k\,H}\right)$$
$$+ x'\left(\frac{2\,\delta\,g\,r}{H\,L\,k} + \frac{w\,g\,c\,r}{L\,k}\right) + x'_{(t-\tau)}\,2\,\frac{e_m\,b}{L\,i_0}\,0{,}6\,\frac{g}{E_0\,i_0\,k\,H}$$
$$+ x_{(t-\tau)}\,2\,\frac{e_m\,b}{L\,i_0}\,0{,}6\,\frac{g\,c}{E_0\,i_0\,k\,H} = 0\,.$$

Die Lösung dieser Differentialgleichung heißt ebenso wie die für den Tirrillregler:

$$x = \sum_{1}^{\infty} C_n\,\varepsilon^{\lambda_n t}.$$

worin λ_n die Wurzeln der entsprechenden charakteristischen Gleichung sind und ε die Basis des natürlichen Logarithmensystems bedeutet. ($\varepsilon = 2{,}718$.)

Da eine lineare Abhängigkeit zwischen den einzelnen Veränderlichen unserer Aufgabe vorliegt, gilt diese allgemeine Lösung in gleicher Weise für die Bewegung des Spannungsmessers und für die Änderungen der Generator- und der Erregerspannung.

Um einen unmittelbaren Vergleich des kompensierten Reglers mit dem gewöhnlichen Tirrillregler zu haben, habe ich die Bewegungsgleichung des kompensierten Reglers für dieselben Werte der Generator- und Reglerkonstanten berechnet, für welche das Verhalten des gewöhnlichen Tirrillreglers geprüft wurde. Die Einzelwerte dieser Konstanten sind auf Seite 50 verzeichnet. Die vorübergehende Ungleichförmigkeit δ des kompensierten Reglers wurde zu 8 %, die Größe der Ölbremskonstanten $w = 0{,}005$ angenommen, und die Zeitkonstante des Kompensationskreises $1/c$ sollte 1 Sekunde betragen.

Die charakteristische Gleichung lautet dann:

$$\lambda^4 + 39\,\lambda^3 + 191\,\lambda^2 + 98\,\lambda + 772\,\lambda\,\varepsilon^{-\lambda/21{,}5} + 772\,\varepsilon^{-\lambda/21{,}5} = 0\,.$$

Man findet durch Probieren vier Wurzeln dieser Gleichung:

$\lambda_1 = -1{,}0; \; \lambda_2 = -1{,}6 + i\,4{,}2; \; \lambda_3 = -1{,}6 - i\,4{,}2; \; \lambda_4 = -37.$

Über die anderen Wurzeln der transzendenten Gleichung müßte man, streng genommen, eine ähnliche Untersuchung anstellen, wie früher bei dem gewöhnlichen Tirrillregler. Da aber bereits überschlägliche Rechnungen zeigen, daß weitere Wurzeln nur bei sehr großen Werten von λ liegen können und ferner bei den schnellen Bewegungen, welche den großen Werten λ entsprechen, der Regler sich fast so wie ein nichtkompensierter, statischer verhält, kann man sich für berechtigt halten, von einer nochmaligen Untersuchung dieser Frage abzusehen.

Die gewonnene allgemeine Lösung soll noch an dieselben Grenzbedingungen angepaßt werden, welche auf Seite 62 verzeichnet sind und für welche die Kurven Fig. 18 gelten. Zur Bestimmung der Konstanten sind erforderlich der Momentanwert, der erste und zweite Differentialquotient der Generatorspannung, wie beim gewöhnlichen Tirrillregler (siehe Seite 62ff.).

Wenn es sich um die Bestimmung des Verlaufs der Generatorspannung nach einem vorhergehenden Beharrungszustande handelt, muß wie dort der erste und zweite Differentialquotient der Generatorspannung dieselben Werte haben wie bei einem nicht geregelten Generator. Außerdem braucht man aber noch den Wert des dritten Differentialquotienten. Da es sich im vorliegenden Falle um den Verlauf der Generatorspannung nach einer Störung des Beharrungszustandes handelt, ist im ersten Augenblicke nach dem Eintritt der Störung der Strom im Kompensationskreis konstant und der Regler verhält sich zunächst wie ein statischer. Damit bietet sich die Möglichkeit, den Wert des dritten Differentialquotienten der Generatorspannung E_0''' im Moment des Anfanges der Störung zu berechnen, indem man einfach in der Bewegungsgleichung c gleich Null setzt. Aus den schon bekannten Werten der niedrigeren Differentialquotienten berechnet man auf diese Weise den dritten. Im vorliegenden Falle ergibt sich E_0''' etwa gleich -8. Man erhält dann als endgültige Lösung:

$$E = 0{,}074\,\varepsilon^{-1{,}0\,t} + 0{,}0218\,\varepsilon^{-1{,}6\,t} \sin 4{,}3\,t - 0{,}024\,\varepsilon^{-1{,}6\,t} \cos 4{,}3\,t + 0{,}0001\,\varepsilon^{-37\,t}.$$

Da die Wurzel $\lambda = 37$ hier verhältnismäßig klein gegenüber den anderen ist, fällt die zugehörige Konstante so klein aus, daß man dieses Glied vernachlässigen kann. Es ergibt sich daraus die Vereinfachung, daß man den Wert des Differentialquotienten E_0''' hier gar nicht genau zu berechnen braucht. Die in dieser Weise ermittelte Kurve des Spannungsverlaufes ist in Fig. 18 zum Vergleich der Leistungsfähigkeit des kompensierten Reglers gegenüber dem gewöhnlichen Tirrillregler eingetragen. Man sieht, daß der kompensierte Regler sehr schnell arbeitet, ohne merklich nachzupendeln. Wählt man die Zeitkonstante des Kompensationskreises nicht zu klein gegenüber der Zeitdauer einer Periode der Reglerschwingungen, so verhält sich, wie von vornherein zu erwarten war, der Regler so günstig wie ein statischer. Er bedarf wie dieser nur einer sehr schwachen Ölbremse. Dabei ist man aber nicht an den Nachteil der statischen Regler, nämlich einen zwar kleinen, aber dauernden Abfall der Generatorspannung mit der Belastung gebunden.

In ganz ähnlicher Weise kann man feststellen, daß der kompensierte Regler auch dann nichts von seinen günstigen Eigenschaften verliert, wenn er bei stärkerer Belastung des Generators eine höhere Spannung einstellt, was ja in der Praxis oft sehr erwünscht ist. Da aber im übrigen diese Untersuchung nichts neues bietet, wird sie hier übergangen.

Für die Zwecke der praktischen Berechnung genügt es vollständig, die vorübergehenden Spannungsschwankungen beim kompensierten Regler so zu berechnen, wie bei dem ihm entsprechenden statischen. Die vorübergehende Ungleichförmigkeit wird man so groß wählen, daß der Reguliervorgang stark gedämpft verläuft. Die nach Beendigung des ersten Teiles des Reguliervorganges noch verbleibenden geringfügigen Spannungsänderungen verschwinden, wie eine Exponentialfunktion mit der Zeitkonstanten des Kompensationskreises, wenn man letztere nicht zu klein wählt. Damit ist auch die Rechenarbeit für die Untersuchung des kompensierten Reglers auf dasjenige Maß beschränkt, welches man in der Praxis nicht überschreiten kann.

Zusammenfassung und Schluß.

Die rechnerische und experimentelle Untersuchung des Tirrillreglers lehrt, daß entgegen den weit verbreiteten Ansichten von seinem fast unmeßbar schnellen Arbeiten nur mäßige Reguliergeschwindigkeiten möglich sind. Besonders langsam laufende, träge Erregermaschinen bedingen bei der üblichen Ausführung des Reglers eine sehr starke Ölbremse und damit kleine Reguliergeschwindigkeiten. Durch Anbringung eines einfachen Anschlages, welcher die Hauptkontakte hindert, sich weiter voneinander zu entfernen, als zur sicheren Stromunterbrechung notwendig ist, kann man den ungünstigen Einfluß der Trägheit der Erregermaschine im wesentlichen beseitigen. Die im letzten Abschnitt beschriebene und untersuchte nachwirkende Kompensation erlaubt eine weitere, ganz bedeutende Steigerung der Reguliergeschwindigkeit und ermöglicht eine gute, fast aperiodische Dämpfung der Reglerbewegung, so daß der Reguliervorgang schnell beendet ist.

Es scheint daher möglich zu sein, allen Anforderungen der Praxis an die Erhöhung der Reguliergeschwindigkeit mit den genannten

Mitteln gerecht zu werden. Dagegen ist es bisher nicht gelungen, die Schwierigkeiten, welche dem Betriebsführer durch das Verbrennen der Kontakte, namentlich der Relaiskontakte, erwachsen, vollständig zu beseitigen. Da diese letzteren erhebliche Leistungen zu schalten haben, beanspruchen sie eine sorgfältige Wartung. Aus diesem Grunde ist bisher im großen und ganzen der Tirrillregler nur dort zur Anwendung gekommen, wo seine höhere Reguliergeschwindigkeit einen wesentlichen Vorteil gegenüber der Handregelung mit sich brachte. Die Möglichkeit, durch Verwendung des Tirrillreglers an Bedienungspersonal zu sparen, indem man eine Anlage zeitweise unbeaufsichtigt laufen läßt, ist eben so lange noch nicht gegeben, als durch unvorhergesehenes Versagen eines Relais plötzliche Betriebsstörungen auftreten können, welche die dauernde Bereitschaft eines oder sogar zweier Maschinenwärter zum sofortigen Abschalten des Reglers, Übergang zur Handregelung und Wiederherstellung der Relaiskontakte verlangen. Die Tatsache, daß auch bei sorgfältiger Betriebsführung unerwartete Störungen auftreten, dürfte der Schlüssel zu dem Sinn eines Satzes in der bekannten, den Tirrillregler behandelnden Schrift von Natalis[1]) sein, in welchem davor gewarnt wird, ,,solche Maschinen oder Anlagen zu projektieren, deren Betrieb bei zeitweiser Ausschaltung des Regulators nicht durch Regulierung von Hand aufrecht erhalten werden kann." Würde heutzutage z. B. ein Fabrikant indirekter Geschwindigkeitsregler diesen Satz aussprechen, so müßte man seine Regler schlechthin unbrauchbar nennen. Aus der zwingenden Notwendigkeit, indirekte Geschwindigkeitsregler auch in solchen Fällen anzuwenden, wo ein Versagen des Reglers große Unannehmlichkeiten zur Folge hätte, wurden Bauarten geboren, welche bei sachgemäßer Wartung störungsfrei arbeiten. Man denke z. B. an Dampfturbinenregler. Ein Versagen des Reglers hat hier das Einfallen des Sicherheitsreglers und eine sofortige längere Betriebsstörung zur Folge. Die Unmöglichkeit, eine Dampfturbine im Betriebe auch nur zeitweise von Hand zu regeln, wird niemand bezweifeln. — Auch bei den meisten größeren Wasserturbinen würde ein während des Betriebes eintretendes Versagen des Reglers ein Durchgehen des Aggregates veranlassen. Die Folge wäre, daß die Netzspannung so stark steigt, daß die angeschlossenen Motoren gefährdet werden und jedenfalls alle gerade brennenden Glühlampen zerstört werden.

Der indirekte Geschwindigkeitsregler arbeitet also häufig in Verhältnissen, wo man sich auf ihn verlassen muß, obwohl er nicht weniger kompliziert als ein Tirrill-Spannungsregler ist. Auch bei der technischen Lösung von Problemen der Spannungsregelung sind Fälle häufig, in

[1]) F. Natalis, Die selbsttätige Regulierung der elektrischen Generatoren (Braunschweig 1908), Seite 112.

denen man notwendigerweise einen zuverlässigen Spannungsregler braucht uud dieser unangenehmen Notwendigkeit nicht mehr durch besondere Mittel, z. B. Anwendung teuerer Wechselstromgeneratoren mit großen Luftspalten, aus dem Wege gehen kann. In einem solchen Falle kann man sich zurzeit nur helfen durch Anwendung von Compoundierungsanordnungen, welche aber, besonders bei Wechselstrombetrieb sehr verwickelt und teuer in der Anschaffung sind. Außerdem tritt hierbei als Fehlerquelle die magnetische Remanenz in Haupt- und Hilfsmaschinen in Erscheinung, so daß Ungenauigkeiten des eingeregelten Beharrungszustandes von etwa 2 % kaum zu vermeiden sind. Auch die schon mehrfach angewandte gleichzeitige Aufstellung zweier Tirrillregler, von denen einer stets zur Reparatur bereit steht, ist offenbar eine wenig befriedigende Lösung, da sie in sich schon das Eingeständnis ihrer Unvollkommenheit birgt.

Daß nun trotz des zweifellos vorhandenen Bedürfnisses diese praktischen Betriebsschwierigkeiten noch nicht behoben sind, liegt darin, daß der Tirrillregler Elemente enthält (nämlich die schwingenden Kontakte), welche man nicht grundsätzlich einwandfrei und betriebssicher bauen kann. Man hat in dieser Richtung bisher nur Verbesserungen aber keine vollständige Abhilfe erzielt. Diese Mängel, und nicht etwa die beschränkte Reguliergeschwindigkeit, haben bisher die Verbreitung des Tirrillreglers gehemmt. Ob nun der Tirrillregler imstande sein wird, das wachsende Bedürfnis nach einem betriebssicheren Spannungsregler zu befriedigen, oder ob dazu nur Reglerbauarten berufen sind, bei welchen die genannten Fehlerquellen ausgemerzt sind, muß die Zukunft lehren.

Die vorliegende Arbeit zeigt im Gegensatz zu einer weit verbreiteten Ansicht, daß beim Tirrillregler nur verhältnismäßig geringe Reguliergeschwindigkeiten möglich sind. Aus dem Umstande, daß das Arbeiten des Tirrillreglers in der Praxis, solange die erwähnten Störungen nicht auftreten, im allgemeinen befriedigt, geht hervor, daß auch bei den Aufgaben der Spannungsregelung meistens mäßige Reguliergeschwindigkeiten genügen.

Lebenslauf.

Ich, Hans Thoma, Sohn des Professors der Medizin Richard Thoma, wurde am 12. Juli 1887 in Dorpat geboren. Ich verließ das Domgymnasium in Magdeburg im Jahre 1906 mit dem Zeugnis der Reife und widmete mich dem Studium von Maschinenbau und Elektrotechnik an den technischen Hochschulen in Braunschweig und München. Im Jahre 1909 bestand ich in München das Diplomvorexamen für Maschinen- und Elektroingenieure, im Jahre 1911 bestand ich daselbst die Diplomhauptprüfung für Maschinenbau und zu Ostern folgenden Jahres die Diplomhauptprüfung für Elektrotechnik. Seitdem bin ich als Ingenieur tätig.